Examens-Fragen
Physiologische Chemie
Zum Gegenstandskatalog

Herausgegeben von

W. Kersten und K. Brand

Unter Mitarbeit von

E. Buddecke   H. A. Eggerer   W. Fischer
A. W. Holldorf   H. J. Horstmann   K. Jungermann
V. Ullrich   H. Weinland

Dritte, neu bearbeitete und erweiterte Auflage

1145 Fragen
Im Anhang 177 Fragen des IMPP

Springer-Verlag
Berlin Heidelberg New York 1979

Professor Dr. W. Kersten
Physiologisch-Chemisches Institut der Universität
Fahrstraße 17, 8520 Erlangen

Professor Dr. K. Brand
Physiologisch-Chemisches Institut der Universität
Fahrstraße 17, 8520 Erlangen

ISBN-13: 978-3-540-09334-3   e-ISBN-13: 978-3-642-95349-1
DOI: 10.1007/978-3-642-95349-1

CIP-Kurztitelaufnahme der Deutschen Bibliothek
Physiologische Chemie
hrsg. von W. Kersten u. K. Brand. - 3., neu bearb. u. erw. Aufl. / unter Mitarb. von
E. Buddecke ... - Berlin, Heidelberg, New York : Springer, 1979.
(Examens-Fragen)
ISBN-13: 978-3-540-09334-3

NE: Kersten, Walter [Hrsg.]; Buddecke, Eckhart [Mitarb.]

Das Werk ist urheberrechtlich geschützt. Die dadurch begründeten Rechte, insbesondere
die der Übersetzung, des Nachdruckes, der Funksendung, der Wiedergabe auf photo-
mechanischem oder ähnlichem Wege und der Speicherung in Datenverarbeitungsanlagen
bleiben, auch bei nur auszugsweiser Verwertung, vorbehalten. Bei Vervielfältigungen für
gewerbliche Zwecke ist gemäß § 54 UrhG eine Vergütung an den Verlag zu zahlen,
deren Höhe mit dem Verlag zu vereinbaren ist.

© J. F. Lehmanns Verlag München 1974, 1976 and
© Springer-Verlag Berlin Heidelberg 1979

Die Wiedergabe von Gebrauchsnamen, Handelsnamen, Warenbezeichnungen usw. in
diesem Werk berechtigt auch ohne besondere Kennzeichnung nicht zu der Annahme,
daß solche Namen im Sinne der Warenzeichen- und Markenschutz-Gesetzgebung als frei
zu betrachten wären und daher von jedermann benutzt werden dürften.

Vorwort zur dritten Auflage

Die Fragensammlung hat bei den Studierenden Anklang gefunden und ist offensichtlich für die Examensvorbereitung nützlich. Die Herausgeber haben sich deshalb bemüht, in der 3. Auflage alle Anregungen und Korrekturen einzuarbeiten und durch neue Fragen alle Sachgebiete des Gegenstandskataloges für die Ärztliche Vorprüfung (gültig ab März 1978) weitestgehend abzudecken. Sehr hilfreich war es dabei, daß uns von Kollegen mehrerer Universitäten Fragen zur Verfügung gestellt wurden.

Bei den Zuordnungsfragen Fragentyp B und E wurde jede Frage einzeln gezählt, wie bei der Auswertung der zentralen ärztlichen Vorprüfung. Alle anderen Fragen- und Antwortschemata wurden beibehalten.
Zusätzlich wurden repräsentative Fragen aus bisherigen ärztlichen Vorprüfungen des Instituts für medizinische und pharmazeutische Prüfungsfragen als Anhang aufgenommen. Insgesamt enthält der vorliegende Band rund 1 300 Fragen.

Wir hoffen, die Fragensammlung hilft den Medizinstudenten auch weiterhin, sich auf die schriftliche Prüfung im Fach Physiologische Chemie vorzubereiten.

Erlangen, im Frühjahr 1979   Die Herausgeber

Inhaltsverzeichnis

Mitarbeiterverzeichnis VII
Hinweise für die Benutzung der Fragensammlung ... IX
1. Physikalisch-chemische Grundbegriffe 1
2. Aminosäuren und Proteine 14
3. Enzyme, Coenzyme 31
4. Stoffwechsel der Aminosäuren 49
5. Nucleinsäuren und Molekularbiologie 69
6. Kohlenhydrate 90
7. Lipide 129
8. Biologische Oxidation 155
9. Mineralstoffwechsel 169
10. Allgemeine Mechanismen der Stoffwechselregulation 178
11. Hormonelle Regulation 184
12. Immunchemie 198
13. Vitamine und Coenzyme 205
14. Ernährung und Verdauung 219
15. Topochemie der Zelle 234
16. Blut 243
17. Leber 262
18. Niere und Harn 270
19. Fettgewebe 274
20. Muskelgewebe 276
21. Nervengewebe 282
22. Binde- und Stützgewebe 287
Antwortenschlüssel 291

Anhang: Fragen des Instituts für Medizinische und Pharmazeutische Prüfungsfragen (IMPP) in Mainz aus den ärztlichen Vorprüfungen 1976 - 1978 301
Antwortenschlüssel zu den Fragen des IMPP   377
Ausklapptafel

Mitarbeiterverzeichnis

Brand, K., Professor Dr. med., Institut für Physiologische Chemie der Universität Erlangen-Nürnberg, 8520 Erlangen

Buddecke, E., Professor Dr. med., Physiolgisch-Chemisches Institut der Universität, 4400 Münster

Eggerer, H.A., Professor Dr. rer. nat., Institut für Physiologische Chemie der Technischen Universität, 8000 München

Fischer, W., Professor Dr. med., Institut für Physiologische Chemie der Universität Erlangen-Nürnberg, 8520 Erlangen

Holldorf, A.W., Professor Dr. med., Physiologisch-Chemisches Institut der Universität, 4630 Bochum

Horstmann, H.J., Professor Dr. phil. nat., Institut für Physiologische Chemie der Universität Erlangen-Nürnberg, 8520 Erlangen

Jungermann, K., Professor Dr. rer. nat., Biochemisches Institut der Universität, 7800 Freiburg

Kersten, W., Professor Dr. med., Institut für Physiologische Chemie der Universität Erlangen-Nürnberg, 8520 Erlangen

Ullrich, V., Professor Dr. rer. nat., Physiologisch-Chemisches Institut der Universität des Saarlandes, 6650 Homburg

Weinland, H., Professor Dr. med. Dr. rer. nat., Institut für Physiologische Chemie der Universität Erlangen-Nürnberg, 8520 Erlangen

Hinweise für die Benutzung der Fragensammlung*

Am Kopf jeder Frage finden sich 3 Angaben. Die 1. Zahl ist die Fragennummer, welche die Frage in diesem Buch erhält. Die 2. Zahl ist die Nummer des zugehörigen Lernziels des Gegenstandskatalogs. Die 3. Angabe ist der Fragen-Typ nach der Klassifizierung des Instituts für medizinische und pharmazeutische Prüfungsfragen in Mainz.

Fragentyp A = Einfachauswahl

Typ A_1 : Unter den gegebenen Antworten A - E ist jeweils die richtige Antwort auszuwählen. Nur jeweils eine Antwort ist richtig.
Typ A_2 : Aus den gegebenen Antworten A - E ist jeweils die beste Antwort auszuwählen.
Typ A_3 : Aus den gegebenen Antworten A - E ist die jeweils falsche Antwort auszuwählen. Nur eine Antwort ist falsch.

Fragentyp B = Zuordnungsfragen

Die Angaben unter A - E sind jeweils den Angaben der Liste 1 zuzuordnen, wobei jeweils nur eine richtige Antwort, Formel usw. zutrifft (1).

Fragentyp C = kausale Verknüpfung (WEIL-Fragen)

Die Frage besteht aus zwei Feststellungen (1 und 2), die durch das Wort "weil" verknüpft sind. Jede der beiden Feststellungen kann, unabhängig von der anderen, richtig oder falsch sein. Wenn beide Feststellungen richtig sind, kann die Verknüpfung durch das Wort "weil" richtig oder falsch sein.

---

*siehe auch Ausklapptafel am Ende des Buches

Für die Beantwortung gibt es die nachfolgend aufgeführten fünf Möglichkeiten:

Antwort	Feststellung 1	Feststellung 2	Verknüpfung
A	richtig	richtig	richtig
B	richtig	richtig	falsch
C	richtig	falsch	
D	falsch	richtig	
E	falsch	falsch	

Das Antwortschema ist für alle Typ-C-Fragen identisch.

Fragentyp D = Fragentyp der mehrfachen Entscheidung
            (Kombinationsfragen)

Auf eine Frage folgen jeweils vier Antworten, 1 - 4. Jede der Antworten kann in sich falsch oder richtig sein. Die gesamte Antwort wird jedoch nur dann als richtig bewertet, wenn die richtige Kombination der gesuchten richtigen oder falschen Antworten angegeben wird. Die Frage ist somit nur mit einem der Buchstaben A - E zu beantworten.

Antwortschema:
A wenn die Antworten 1 + 2 + 3   zutreffen.
B wenn die Antworten 1 + 3   zutreffen.
C wenn die Antworten 2 + 4   zutreffen.
D wenn die Antwort   4   zutrifft.
E wenn die Antworten 1 + 2 + 3 + 4   zutreffen.

Das Antwort-Kombinationsschema ist für alle Typ-D-Fragen identisch (2).

Fragentyp E = Bearbeitung von Graphiken und Tabellen

Bei diesem Fragentyp werden Graphiken oder Tabellen gezeigt und daraus dann im allgemeinen eine Typ-B-Frage entwickelt.

Erläuterungen zu den Fragen und Antworten

1) Nach dem Verfahren des Instituts für medizinische und pharmazeutische Prüfungsfragen können bei den Zuordnungsfragen Typ B

   a) die Liste 1 auch mehr oder weniger als fünf Punkte umfassen,
   b) nicht alle fünf Punkte der Liste 2 als richtige Antworten vorkommen, einige können mehrfach richtig sein, andere zu gar keinem Punkt der Liste 1 passen.

2) Nach dem Verfahren des Instituts für medizinische und pharmazeutische Prüfungsfragen kann bei dem Fragentyp D die Antwortkombination wechseln. In dieser Fragensammlung wurde - außer im Anhang - jedoch eine feste Antwortauswahl für alle Fragen beibehalten.

Dieser Fragentyp ist bei den Studierenden nicht besonders beliebt, da nur die richtige Beantwortung aller Fragen honoriert wird, nicht jedoch die richtige Beantwortung einer Einzelfrage. Auf der anderen Seite erlaubt gerade dieser Fragentyp zu ermitteln, ob ein Sachverhalt in seinem Zusammenhang gewußt wird oder ob nur einzeln angelerntes Wissen vorhanden ist.

1. Physikalisch-chemische Grundbegriffe

1.01   1   Fragentyp A_3

Welche Aussage ist falsch?
Die Dipoleigenschaften der Wassermoleküle bedingen die

A. Hydratisierung von Ionen
B. hohe Verdampfungswärme des Wassers
C. niedrige Oberflächenspannung des Wassers
D. Polarität des Wassers
E. hohe Dielektrizitätskonstante des Wassers

| 1.02 | 1.05 |
| 1.03 | 1.06 |

1.04   1.1   Fragentyp B

Ordnen Sie den in Liste 1 angegebenen Bindungstypen die in Liste 2 aufgeführten Strukturformeln richtig zu.

Liste 1   Liste 2

1.02 Säureanhydrid

1.03 Thioester   A. $R-\underset{H}{\overset{H}{C}}-O-\text{\textcircled{P}}$

1.04 Äther

1.05 Ester   B. $R-\overset{O}{\overset{\|}{C}}-O-\text{\textcircled{P}}$

1.06 Enolphosphat

                        C. $R_1-\overset{O}{\overset{\|}{C}}-S-R_2$

                        D. $\underset{CH_2}{\overset{R}{\underset{\|}{C}}}-O-\text{\textcircled{P}}$

                        E. $R_1-\underset{H}{\overset{H}{C}}-O-R_2$

1.07   1.1   Fragentyp D

Für Carbonsäuren trifft zu:

1) Sie können mit Alkoholen Ester bilden.
2) Sie können mit Alkalien Salze bilden.
3) Sie können mit Säuren Anhydride bilden.
4) Zu dieser Stoffklasse gehören auch die ungesättigten Fettsäuren.

1.08	1.11		
1.09	1.12		
1.10		1.1	Fragentyp B

Ordnen Sie den in Liste 1 genannten Verbindungstypen die in Liste 2 aufgeführten Strukturformeln richtig zu.

Liste 1

1.08 Gemischtes Säureanhydrid

1.09 Ester

1.10 Primäres Amin

1.11 Säureamid

1.12 Phosphorsäurediester

Liste 2

A. $R_1-CH_2-O-\overset{\overset{O}{\|}}{\underset{\underset{OH}{|}}{P}}-O-CH_2-R_2$

B. $R-\overset{\overset{O}{\|}}{C}-O-\overset{\overset{O}{\|}}{\underset{\underset{OH}{|}}{P}}-OH$

C. $R-C\overset{\nearrow O}{\underset{\searrow NH_2}{}}$

D. $R_1-C\overset{\nearrow O}{\underset{\searrow OCH_2-R_2}{}}$

E. Imidazol-CH$_2$-CH$_2$-NH$_2$

1.13	1.2	Fragentyp D

Der Austausch von Energie und Materie durch ausgewachsene Organismen mit ihrer Umgebung ist unter normalen Umständen

1) energetisch in Bilanz

2) materiell in Bilanz

3) mit einem Anstieg von Entropie in der Umgebung verbunden

4) mit einem Anstieg von Enthalpie in der Umgebung verbunden

1.14 1.1 Fragentyp D

Der Mensch steht in einem ständigen Energie- und Stoffaustausch mit seiner Umgebung. Welche der angeführten physikalischen Größen in seiner Umgebung nehmen dabei zu?

1) Gesamtenergie
2) Entropie
3) Enthalpie
4) Wärme

1.15 1.1 Fragentyp D

Von welchen Verbindungen kann das Phosphat auf ADP übertragen werden zur Bildung von ATP?

1) 1,3-Bisphosphoglycerinsäure
2) GTP
3) Kreatinphosphat
4) ADP

1.16 1.1 Fragentyp C

Die Reaktion der Pyruvatkinase ist in der Zelle reversibel,

weil

Phosphoenolpyruvat und ATP ein gleich hohes Phosphoryl-Gruppenübertragungspotential besitzen.

1.17 1.1 Fragentyp C

Die Umsetzung Fructose-6-phosphat ⟶ Glucose-6-phosphat durch die Phosphoglucoseisomerase ist nicht reversibel,

weil

sie unter Standardbedingungen ($\Delta G_o'$ ca. -2,5 kJ/mol) exergon ist.

1.18   1.1   Fragetyp A_1

Wie groß ist die maximal nutzbare Energie ($\Delta G_o'$) einer biochemischen Reaktion im Gleichgewicht?

A. -75 kJ/mol   (- 18 kcal/mol)
B. -29 kJ/mol   (- 7 kcal/mol)
C. +29 kJ/mol   (+ 7 kcal/mol)
D. Null
E. Abhängig von Substrat- und Produktkonzentration

1.19   1.1   Fragetyp A_1

Eine Reaktion A→B hat eine Standard-freie Enthalpie $\Delta G_o' = +5,0$ kJ. Bei welchem der unten angegebenen Konzentrationsverhältnisse B/A läuft die Reaktion bei 25°C gerade spontan in Richtung A→B ab?

A. 10^1 C. 10^5 E. 10^{-4} $\Delta G' = \Delta G_o' + R \cdot T \cdot \ln \frac{[B]}{[A]}$
B. 10^{-1} D. 10^{-5}

$R \cdot T \cdot 2,303 = 5,77$ kJ/mol

1.20   1.1   Fragetyp A_1

In einem Reaktionssystem wird eine Lactatkonzentration von 10^{-3}M gemessen. Wählen Sie unter den angegebenen Pyruvatkonzentrationen diejenige aus, bei der es gerade möglich wird, Elektronen von Lactat auf NAD zu übertragen.
Im Reaktionssystem sei $[NAD] = [NADH_2]$.
E_o' des Redoxsystems Lactat/Pyruvat sei -0,19 V.
E' des Redoxsystems $NADH + H^+/NAD$ im Reaktionsansatz sei -0,3 V.

$E' = E_o' + 0,03 \text{ V} \cdot \log \frac{[Pyruvat] \quad [NADH_2]}{[Lactat] \quad [NAD]}$

A. 10^{-3} C. 10^5 E. 10^1
B. 10^{-4} D. 10^{-7}

1.21 1.1 Fragentyp D

Zwei Reaktionen A→B und C→D sind in einem Fließgleichgewicht energetisch gekoppelt.

Es gilt dann:

1) Beide Einzelreaktionen müssen exergon sein, damit die Gesamtreaktion spontan ablaufen kann.
2) Die Gleichgewichtskonstante der Gesamtreaktion (K_s) ist das Produkt der Gleichgewichtskonstanten der Einzelreaktionen (K_1 und K_2): $= K_1 \cdot K_2$.
3) Die Enthalpie der Gesamtreaktion ($\Delta G'_s$) ist das Produkt der Enthalpien der Einzelreaktionen ($\Delta G'_1$ und $\Delta G'_2$): $\Delta G'_s = \Delta G'_1 \cdot \Delta G'_2$.
4) Die Reaktionsenthalpie der Einzelreaktion A→B berechnet sich: $\Delta G'_1 = \Delta G'_s - \Delta G'_2$.

1.22 1.1 Fragentyp A_3

Welche Aussage ist falsch?

Die bei der Hydrolyse von ATP freiwerdende Energie kann in der Zelle verwendet werden

A. für aktive Transportvorgänge

B. zur Wärmebildung

C. zur Übertragung von Phosphat-Gruppen durch Kinasen

D. zur Bildung von Phosphoenolpyruvat

E. für biochemische Synthesen

1.23 1.1 Fragentyp C

Die durch Phosphofructokinase katalysierte Phosphorylierungsreaktion ist exergon,

weil

für die Knüpfung einer Esterbindung eine Anhydridbindung gespalten wird.

1.24	1.1	Fragentyp D

Eine Freisetzung von Pyrophosphat in der Zelle kommt vor in der Reaktion der

1) Fructose-1,6-bisphosphatase
2) Uridindiphosphatglucose-Pyrophosphorylase
3) DNA-abhängige RNA-Polymerase
4) Nucleosid-Phosphorylase

1.25	1.1	Fragentyp A_1

Phosphoglucomutase katalysiert die Reaktion Glucose-1-phosphat ⇌ Glucose-6-phosphat. Die Gleichgewichtskonstante K der Reaktion in der Richtung von links nach rechts beträgt 19 (K = 19). In einem geschlossenen System liegen nach Erreichen des Gleichgewichtszustandes welche Verhältnisse vor?

A. Es ist mehr Glucose-6-phosphat als Glucose-1-phosphat vorhanden.

B. Es ist mehr Glucose-1-phosphat als Glucose-6-phosphat vorhanden.

C. Die Konzentration von Glucose-1-phosphat nimmt laufend weiter ab.

D. Glucose-1-phosphat und Glucose-6-phosphat liegen in gleichen Konzentrationen vor.

E. Keine der Antworten ist richtig.

1.26	1.1	Fragentyp D

Unter der biologischen Halbwertszeit versteht man

1) die halbe Maximalgeschwindigkeit bei enzymatischen Reaktionen
2) diejenige Zeit, die ein offenes System zur Einstellung des Fließgleichgewichts benötigt
3) die halbmaximale Transportgeschwindigkeit eines Substrates durch die Zellmembran
4) diejenige Zeit, in der unter Fließgleichgewichtsbedingungen von einer bestimmten Substanz im Stoffwechsel die Hälfte umgesetzt, abgebaut oder ausgeschieden wird

1.27   1.1   Fragentyp A_3

Welche Aussage trifft nicht zu?

Fließgleichgewichtssysteme sind charakterisiert durch

A. unidirektionalen Fluß
B. stationäre Konzentrationen der Zwischenprodukte
C. rasche Einstellung des thermodynamischen Gleichgewichtes
D. Energie- und Stoffaustausch mit der Umgebung
E. exergone Gesamtreaktion

1.28   1.1   Fragentyp D

Für Fließgleichgewichtssysteme in der Zelle gilt:

1) Der Fluß ist unidirektional.
2) Gleichmäßige Zufuhr des Substrates und Entfernung des Produktes führen zur Ausbildung stationärer Konzentrationen der Zwischenprodukte.
3) Die Flußrate ist abhängig vom Aktivitätszustand des Schrittmacherenzyms.
4) Alle Einzelreaktionen müssen exergon sein.

1.29   1.1   Fragentyp A_1

Fließgleichgewichtssysteme gewährleisten in lebenden Organismen

A. die Konstanthaltung des intracellulären pH
B. die Bereitstellung arbeitsfähiger Energie
C. die rasche Einstellung des chemischen Gleichgewichtes
D. einen beschleunigten Stoffwechsel
E. die Reversibilität von Stoffwechselreaktionen

1.30   1.1   Fragentyp A_1

Welche der nachfolgenden Phosphatverbindungen liefert bei der Hydrolyse die <u>geringste</u> Enthalpie?

A. Glucose-1-phosphat
B. Phosphoenolpyruvat
C. Glucose-6-phosphat
D. Kreatinphosphat
E. Guanosindiphosphat

1.31 1.1 Fragentyp D

Die bei der Hydrolyse von ATP freiwerdende Energie kann für welche der folgenden Vorgänge verwendet werden?

1) Chemische Synthesen
2) Osmotische und mechanische Arbeit
3) Elektrische Arbeit
4) Wärmebildung

1.32 1.2 Fragentyp D

Wasser erfüllt bei folgenden Vorgängen wichtige Funktionen:

1) Bei der Lösung von niedermolekularen Stoffen
2) Bei der Wärmeabgabe
3) Bei der Ausscheidung von Stoffwechselprodukten
4) Bei der Hydratisierung von Makromolekülen

1.33 1.2 Fragentyp A_1

Osmolarität ist ein Maß für

A. den osmotischen Druck
B. die Molarität einer Lösung
C. die Konzentration der in der Lösung enthaltenen osmotisch aktiven Teilchen
D. die Konzentration der gelösten Moleküle
E. den kolloidosmotischen Druck in den Capillaren

1.34   1.2   Fragentyp A$_1$

Der kolloidosmotische Druck ist abhängig von

A. der Konzentration an gelösten Salzen
B. der Konzentration an gelösten Makromolekülen
C. dem Donnan-Gleichgewicht
D. dem Capillardruck
E. der Elastizität der Gefäßwände

1.35   1.2   Fragentyp D

Für den aktiven Stofftransport trifft zu:

1) Er ist abhängig von der Zufuhr freier Energie (z.B. ATP).
2) Die Transportrate erreicht einen Maximalwert.
3) Der Stofftransport erfolgt auch gegen einen Konzentrationsgradienten.
4) Spezifische Carriermoleküle der Membran sind notwendig.

1.36   1.2   Fragentyp D

Für die freie Diffusion von Stoffen durch die Plasmamembran trifft zu:

1) Die Diffusionsgeschwindigkeit ist proportional dem Konzentrationsgradienten.
2) Sie ist ein endergoner Prozeß.
3) Sie ist temperaturabhängig.
4) Sie benötigt spezifische "Carrier"-Moleküle.

1.37   1.2   Fragentyp D

Für die freie Diffusion von Stoffen durch die Plasmamembran trifft zu:

1) Die Diffusionsgeschwindigkeit eines Stoffes ist proportional dem Konzentrationsgradienten.

2) Der Diffusionskoeffizient D ist abhängig von der Molekülform.
3) Sie strebt den Konzentrationsausgleich an.
4) Sie führt zu einer Erhöhung der Entropie.

1.38   1.3   Fragentyp C

Der intracelluläre pH-Wert ist niedriger als der extracelluläre,

weil

nach dem Donnan-Gleichgewicht die Kationenkonzentration in der Zelle höher ist als außen.

1.39   1.3   Fragentyp A_1

Glutaminsäure hat folgende pK'-Werte:

$pK'_1 = 2,19$

$pK'_2 = 9,67$

$pK'_R = 4,25$

Bei welchem der gegebenen pH-Werte puffert die Aminosäure nicht?

A. 1,9   D. 8,9
B. 2,8   E. 10,2
C. 6,9

| 1.40 | 1.3 | Fragentyp A_1 |

Histidin hat folgende pK'-Werte:

pK'_1 (α-Carboxyl) = 1,82
pK'_2 (α-Amino) = 9,17
pK'_R (Seitenkette) = 6,00

In welchem der durch den pH-Wert charakterisierten Elektrophoresepuffer wandert die Aminosäure zur Anode?

A. 1,82   D. 7,40
B. 3,91   E. 8,50
C. 6,00

| 1.41 | 1.3 | Fragentyp D |

Bei der Aminosäure Glycin beträgt der pK'-Wert der Carboxylgruppe 2,35. Dieser Wert sagt etwas aus über

1) die Dissoziation der Carboxylgruppe bei einem pH von 2,35
2) die Acidität der Carboxylgruppe
3) die Protonierung der Carboxylgruppe in Abhängigkeit vom pH
4) die spezifische optische Drehung des Glycins

| 1.42 | 1.3 | Fragentyp D |

NH_4^+ könnte man bezeichnen als

1) Salz
2) Säure
3) Base
4) Kation

| 1.43 | 1.3 | Fragentyp A_1 |

Welches ist die richtige Reihenfolge der pH-Werte, geordnet nach fallender Acidität, der unter a - e genannten Körperflüssigkeiten?

A. d b a c e
B. e d c a b
C. e d c b a
D. b e a c e
E. e c b d a

a. Natives Blut
b. Pankreassekret
c. Blut bei metabolischer Acidose
d. Skeletmuskulatur nach anaerober Arbeit
e. Magensaft

1.44　　　　　　　　1.3　　　　　　Fragentyp A_1

Der pH-Wert einer vollständig dissoziierten 1 N-Säure ist:

A. 1
B. 0,1
C. 0
D. -1
E. 0,01

1.45　　　　　　　　1.3　　　　　　Fragentyp A_1

Die Stärke einer Säure wird gemessen an

A. ihrem Löslichkeitsprodukt
B. ihrer Fähigkeit, Elektronen abzugeben
C. ihrer Dissoziationskonstanten
D. ihrer Dielektrizitätskonstanten
E. ihrer Molarität

2. Aminosäuren und Proteine

2.01   2.1   Fragentyp A_1

Tyrosin hat folgende pK'-Werte:

$pK'_1 = 2,20$
$pK'_2 = 9,11$
$pK'_R = 10,07$

Welcher der gegebenen pH-Werte entspricht dem isoelektrischen Punkt des Tyrosins?

A. 2,20
B. 5,65
C. 6,13
D. 9,59
E. 11,07

2.02   2.05
2.03
2.04   2.1   Fragentyp B

Ordnen Sie den in Liste 1 aufgeführten Stoffgruppen die in Liste 2 angegebenen, für ihre Trennung brauchbaren Verfahren richtig zu.

Liste 1

2.02 Lipide

2.03 Mono- und Oligosaccharide

2.04 Aminosäuren

2.05 Proteine

Liste 2

A. Verteilungs-, Ionenaustauschchromatographie, Elektrophorese

B. Verteilungschromatographie

C. Adsorptionschromatographie

D. Gelfiltration, Ionenaustauschchromatographie, Elektrophorese

2.06   2.1   Fragentyp D

Der isoelektrische Punkt einer Aminosäure hängt ab von

1) dem Verhältnis der Carboxylgruppen und den protonierbaren N-Atomen im Molekül
2) dem pH-Wert des Lösungsmittels
3) der Dissoziationskonstanten der Amino- und Carboxylgruppe
4) der Kettenlänge

2.07   2.1   Fragentyp A_1

Welche der aufgeführten Substanzen ist eine saure Aminosäure?

A. δ-Aminolävulinsäure

B. L-Tryptophan

C. L-Asparaginsäure

D. L-Valin

E. γ-Aminobuttersäure

2.08   2.1   Fragentyp A_1

Glutaminsäure hat folgende pK'-Werte:

pK'_1 (α-Carboxyl) = 2,19
pK'_2 (α-Amino) = 9,67
pK'_R (Seitenkette) = 4,25

Bei welchem der angegebenen pH-Werte hat Glutaminsäure <u>keine</u> Pufferwirkung?

A. 2,19   D. 6,96

B. 3,22   E. 9,67

C. 4,25

2.09 2.1 Fragentyp A_1

Glutaminsäure hat folgende pK'-Werte:

pK'_1 (α-Carboxyl) = 2,19
pK'_2 (α-Amino) = 9,67
pK'_R (Seitenkette) = 4,25

Der isoelektrische Punkt dieser Aminosäure liegt bei pH

A. 2,19
B. 3,22
C. 5,93
D. 6,96
E. 9,67

2.10 2.1 Fragentyp A_1

Lysin hat folgende pK'-Werte:

pK'_1 (α-Carboxyl) = 2,18
pK'_2 (α-Amino) = 8,95
pK'_R (Seitenkette) = 10,53

Bei welchem der angegebenen pH-Werte hat Lysin keine Pufferwirkung?

A. 2,18
B. 4,47
C. 8,95
D. 10,53
E. 9,74

2.11 2.1 Fragentyp C

Lysin wandert bei pH = 2 im elektrischen Feld zur Anode,

weil

Lysin eine basische Aminosäure ist.

2.12.   2.1   Fragentyp A_1

Welche Aussage zum isoelektrischen Punkt einer Aminosäure trifft zu?

A. Am isoelektrischen Punkt ist die Zahl der geladenen gleich der Zahl der ungeladenen Moleküle.

B. Am isoelektrischen Punkt ist der pH-Wert der Lösung gleich dem pK-Wert der Carboxylgruppe.

C. Am isoelektrischen Punkt wandert die Aminosäure nicht unter dem Einfluß eines elektrischen Feldes.

D. Der isoelektrische Punkt ist eine charakteristische Größe, die vom pH-Wert der Lösung abhängt.

E. Der isoelektrische Punkt ist definiert durch den negativen dekadischen Logarithmus der Dissoziationskonstanten.

2.13   2.1   Fragentyp A_1

Der isoelektrische Punkt einer Aminosäure läßt sich beeinflussen durch

A. Zugabe von Säure

B. Zugabe von Base

C. Erhöhung der Konzentration der Aminosäure

D. Zugabe einer Pufferlösung

E. Keine Antwort ist richtig

2.14   2.1   Fragentyp A_3

Welche Aussage über Histidin trifft nicht zu?
(pK-Werte: 1,8; 6,0; 9,2;)

A. Eine Säure-Basen-Titrationskurve des Histidins zeigt 3 Plateaus, in deren Mitte der jeweilige pK-Wert liegt.

B. Histidin vermag im pH-Bereich 5-7 zu puffern.

C. Der pK-Wert von 1,8 beschreibt die Dissoziation der Carboxylgruppe.

D. Der pK-Wert von 6 beschreibt das Säure-Verhalten der protonierten α-Aminogruppe.

E. Durch Decarboxylierung des Histidins entsteht Histamin.

2.15	2.1	Fragentyp A$_1$

Sie titrieren 20 ml 0,05 M Glycinlösung in 0,1 M HCl mit 0,1 M KOH-Lösung. Bis zum Erreichen des isoelektrischen Punktes der Aminosäure beträgt der Laugenverbrauch nach Abzug des Leerwertes

A. 5,0 ml   D. 20,0 ml
B. 10,0 ml   E. 25,0 ml
C. 20,0 ml

2.16	2.1	Fragentyp C

Histidin ist die einzige Aminosäure, die bei physiologischem pH puffert,

weil

ihr pK_R' bei pH 6,0 liegt.

2.17	2.1	Fragentyp C

Lysin (pK_1 = 2,18; pK_2 = 8,95; pK_R = 10,53) hat am isoelektrischen Punkt keine Pufferwirkung,

weil

bei diesem pH keine Nettoladung vorliegt.

2.18 2.21		
2.19 2.22		
2.20	2.1	Fragentyp B

Ordnen Sie den in Liste 1 aufgeführten Aminosäuren die in Liste 2 angegebenen Strukturformeln richtig zu.

Liste 1   Liste 2

2.18 Ornithin   A. $H_2N-CH_2-CH_2-COOH$

2.19 Citrullin

2.20 γ-Aminobuttersäure

2.21 Homoserin   B. $HO-CH_2-CH_2-\underset{\underset{H}{|}}{\overset{\overset{NH_2}{|}}{C}}-COOH$

2.22 β-Alanin

C. $H_2N-CH_2-CH_2-CH_2-COOH$

D. 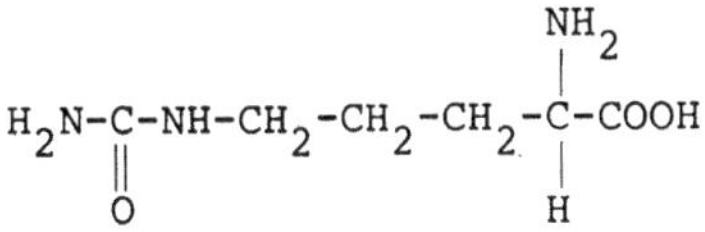 $H_2N-\underset{\underset{O}{\|}}{C}-NH-CH_2-CH_2-CH_2-\underset{\underset{H}{|}}{\overset{\overset{NH_2}{|}}{C}}-COOH$

E. $H_2N-CH_2-CH_2-CH_2-\underset{\underset{H}{|}}{\overset{\overset{NH_2}{|}}{C}}-COOH$

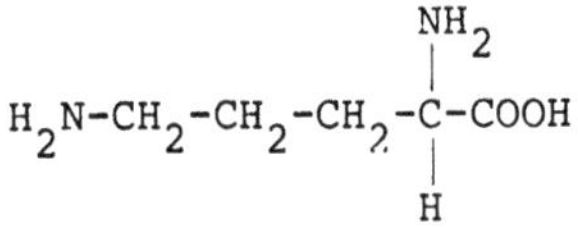

2.23	2.26		
2.24	2.27		
2.25		2.1	Fragentyp B

Ordnen Sie den in Liste 1 genannten Aminosäuren die in Liste 2 aufgeführten Strukturformeln richtig zu.

Liste 1   Liste 2

2.23 Arginin

2.24 Prolin

2.25 Leucin

2.26 Phenylalanin

2.27 Valin

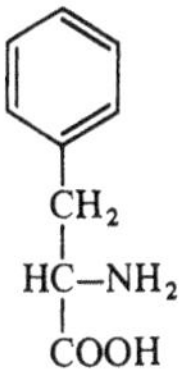

A. (Phenyl-CH₂-CH(NH₂)-COOH)

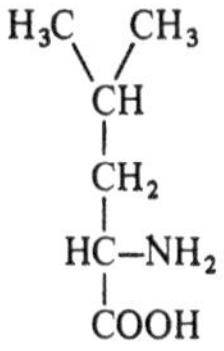

B. ((CH₃)₂CH-CH₂-CH(NH₂)-COOH)

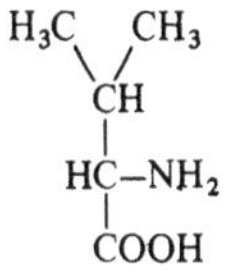

C. ((CH₃)₂CH-CH(NH₂)-COOH)

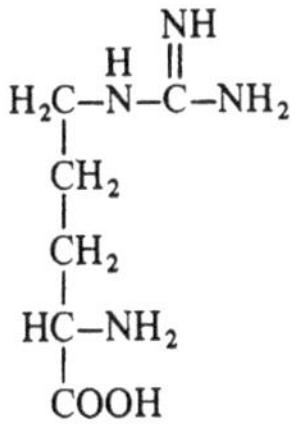

D. (H₂N-C(=NH)-NH-CH₂-CH₂-CH₂-CH(NH₂)-COOH)

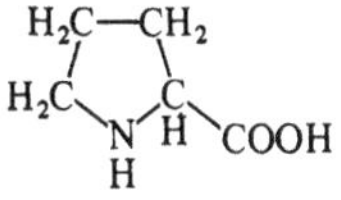

E. (Prolin-Ringstruktur)

2.28   2.1   Fragentyp A₁

Welche der nachfolgenden Aminosäuren besitzt eine Iminogruppe?

A. Tyrosin   D. Prolin
B. Hydroxylysin   E. Tryptophan
C. Valin

2.29   2.1   Fragentyp A₃

Welche Antwort ist <u>falsch</u>?
Die in menschlichen Proteinen vorkommenden Aminosäuren

A. haben L-Konfiguration
B. haben alle die Aminogruppe in α-Stellung
C. sind in den Proteinen durch Peptidbindungen verknüpft
D. können auch zwei Carboxylgruppen enthalten
E. bewirken durch ihre Seitenketten bei einem physiologischen pH die Nettoladung des Proteins

2.30   2.1   Fragentyp A₃

Welche Antwort ist <u>falsch</u>?
Geeignete Methoden für die Trennung eines Aminosäuregemisches sind

A. Elektrophorese
B. Dünnschichtchromatographie
C. Ionenaustauschchromatographie
D. Gelchromatographie
E. Papierchromatographie

2.31   2.1   Fragentyp A₁

Eine Trennung von Aminosäuren aus Gemischen (z.B. Proteinhydrolysaten) ist mit welcher der folgenden Methoden möglich?

A. Gelfiltration mit Molekularsieben

B. Ultrazentrifugation

C. Chromatographie an Ionenaustauschern

D. Ultrafiltration

E. Immunelektrophorese

2.32 2.1 Fragentyp D

Bei der Verteilungschromatographie einer Substanz (z.B. Aminosäure) ist der R_f-Wert

1) der Quotient: Wanderungsstrecke der Substanz/ Wanderungsstrecke des Lösungsmittels
2) von dem zur Chromatographie verwendeten Lösungsmittelgemisch abhängig
3) von der Löslichkeit der Verbindung in Wasser abhängig
4) von der Dauer der Chromatographie abhängig

2.33 2.1 Fragentyp C

Asparaginsäure und Lysin lassen sich durch Ionenaustauschchromatographie trennen,

weil

der isoelektrische Punkt von Asparaginsäure bei 12,1, der von Lysin bei 4,1 liegt.

2.34 2.1 Fragentyp A_1

Eine positive Ninhydrinreaktion geben

A. die Peptidbindung

B. die ε-Aminogruppe von Lysinresten innerhalb eines Proteins

C. Carnitin

D. freie Aminosäuren

E. Histamin

2.35　　2.1　　Fragentyp A₁

Welche der folgenden Aminosäuren ist besonders zur Ausbildung von hydrophoben Wechselwirkungen in Proteinen befähigt?

A. Glycin
B. Cystein
C. Glutaminsäure
D. Leucin
E. Histidin

2.36　　2.1　　Fragentyp A₁

Die Seitenkette welcher der aufgeführten Aminosäuren ist im Proteinverband bei physiologischem pH als Protonendonator und -acceptor wirksam?

A. Glutamin
B. Glutaminsäure
C. Lysin
D. Histidin
E. Tyrosin

2.37　　2.1　　Fragentyp A₁

Zwischen welchen der nachfolgenden, innerhalb eines Proteins vorliegenden Aminosäuren können Salzbindungen ausgebildet werden?

A. Valin und Glutaminsäure
B. Phenylalanin und Leucin
C. Asparaginsäure und Alanin
D. Lysin und Arginin
E. Histidin und Asparaginsäure

2.38　　2.1　　Fragentyp A₁

Welche der nachfolgenden Aminosäuren kann mit Phosphorsäure Esterbindungen eingehen?

A. Serin
B. Lysin
C. Methionin
D. Tyrosin
E. Prolin

2.39 2.1 Fragentyp A$_3$

Welche der aufgeführten Aminosäuren ist optisch nicht aktiv?

A. Leucin
B. Alanin
C. Glycin
D. Cystein
E. Lysin

2.40 2.2 Fragentyp A$_1$

Welche der folgenden Substanzen zählt zu den Oligopeptiden?

A. Cystein
B. Coenzym A
C. Carnitin
D. Vasopressin
E. Thyroxin

2.41 2.2 Fragentyp D

Für die Knochenbildung trifft zu:

1) Intermediär treten organisch gebundene Pyrophosphatgruppen auf.
2) Die Kristallisation des Apatits erfolgt nach dem Prinzip einer Nucleisationskristallisation.
3) Sie erfolgt an Stellen der Kollagenfaser, an denen freie Aminogruppen, z.B. ε-Aminogruppen des Lysins, vorliegen.
4) Die Mineralisierung wird durch Parathormon stimuliert.

2.42 2.2 Fragentyp A$_1$

Anserin und Carnosin sind

A. Aminosäuren
B. Tripeptide
C. biogene Amine
D. Peptidhormone
E. Dipeptide

2.43 2.2 Fragentyp D

Für Glutathion trifft zu:

1) Es ist ein Coenzym für Dehydrogenasen.
2) Es ist ein Redoxsystem.
3) Es wirkt im Gehirn als Transmittersubstanz.
4) Es enthält Cystein.

2.44 2.3 Fragentyp A_1

Ein Protein enthält 0,2% Eisen (Atomgewicht Fe = 55,8).
Sein Mindestmolekulargewicht beträgt demnach:

A. 11 160
B. 27 900
C. 55 800
D. 279 000
E. 111 600

2.45 2.3 Fragentyp A_1

Welches der nachfolgenden Proteine ist wasserlöslich?

A. Fibrinogen
B. Kollagen
C. α-Keratin
D. Elastin
E. Seidenfibroin

2.46 2.3 Fragentyp C

γ-Globuline und Serumalbumin lassen sich durch Gelfiltration trennen,

weil

sie große Unterschiede in der Molekülgröße aufweisen.

2.47 2.3 Fragentyp C

Globuline fallen in destilliertem Wasser aus,

weil

sie ein größeres Molekulargewicht als Albumine haben.

2.48   2.3   Fragentyp A$_1$

Welches der folgenden Proteine ist besonders reich an Hydroxyprolin?

A. Albumin   D. Casein
B. Kollagen   E. Ribonuclease
C. Immunglobulin

2.49   2.3   Fragentyp D

Das Molekulargewicht eines Proteins

1) kann mit der Ultrazentrifuge bestimmt werden
2) ist abhängig vom isoelektrischen Punkt
3) ist abhängig von der Anzahl der Aminosäuren
4) kann mit Hilfe der Papierelektrophorese bestimmt werden

2.50   2.3   Fragentyp D

Alle Proteine

1) enthalten Kohlenstoff, Wasserstoff, Sauerstoff und Stickstoff
2) enthalten ca. 16% ihrer molaren Masse als Stickstoff
3) sind hauptsächlich aus α-Aminosäuren aufgebaut
4) können enzymatisch zu Ammoniak und freien Ketosäuren hydrolysiert werden

2.51   2.3   Fragentyp C

Pepsin wird durch Magensalzsäure nicht denaturiert,

<u>weil</u>

es selbst viele saure Aminosäurereste enthält.

2.52   2.3   Fragentyp D

Für Proteine trifft zu:

1) Sie enthalten Kohlenstoff, Wasserstoff, Sauerstoff und Stickstoff.
2) Etwa 16% ihres Gewichtes ist Stickstoff.
3) Sie können intra- und intermolekulare Disulfidbrücken enthalten.
4) Sie sind vorwiegend aus α-Aminosäuren zusammengesetzt.

2.53   2.3   Fragentyp A_1

Die α-Helixstruktur in Proteinen ist

A. hauptsächlich bedingt durch Disulfidbrücken
B. eine Funktion komplementärer Polypeptidketten
C. hauptsächlich bedingt durch Wasserstoffbrückenbindungen
D. die Grundstruktur aller Proteine
E. bedingt durch den Kohlenhydratanteil

2.54   2.3   Fragentyp A_1

Die Hydrolyse eines Proteins führt zu

A. einer Abnahme der freien Carboxylgruppen
B. einer Zunahme der freien Aminogruppen
C. einer Ausbildung von Peptidbindungen
D. einem starken Abfall des pH
E. einer Abnahme der freien Aminogruppen

2.55 2.3 Fragentyp C

Mit Salzsäure lassen sich Proteine ausfällen,

weil

die Aminogruppen protoniert werden.

2.56 2.3 Fragentyp D

Zur Stabilisierung der Konformation eines Proteins kann die heteropolare Bindung zwischen welchen Aminosäurepaaren beitragen?

1) Valin-Leucin
2) Asparaginsäure-Lysin
3) Histidin-Asparagin
4) Glutaminsäure-Arginin

2.57 2.3 Fragentyp D

Die Primärstruktur eines Proteins

1) läßt sich aus den Ergebnissen der Röntgenstrukturanalyse berechnen
2) läßt sich nach Hydrolyse des Proteins aus dem Mol-Prozentgehalt der am Aufbau beteiligten Aminosäuren berechnen
3) kann für ein bestimmtes Protein (z.B. Hämoglobin) nach Alter und Geschlecht variieren
4) beschreibt die Sequenz der Aminosäuren innerhalb der Peptidkette

2.58 2.3 Fragentyp D

Die α-Helixstruktur kommt in folgenden Makromolekülen vor:

1) DNA
2) Myosin
3) Kollagen
4) α-Keratin

2.59   2.3   Fragentyp A_1

Wasserstoffbrückenbindungen innerhalb einer Peptidkette spielen für welche der folgenden Eiweißstrukturen eine Rolle?

A. Primärstruktur
B. β-Keratin
C. Tertiärstruktur
D. Quartärstruktur
E. Fibrilläre Struktur

2.60   2.3   Fragentyp D

Zur Aufrechterhaltung der Tertiärstruktur von Proteinen tragen welche der nachfolgenden Bindungstypen bei?

1) Apolare Bindungen (hydrophobe Wechselwirkungen)
2) Wasserstoffbrückenbindungen
3) Kovalente Disulfidbrückenbindungen
4) Heteropolare Bindungen (elektrostatische Wechselwirkungen)

2.61   2.3   Fragentyp A_1

Welche Aussage trifft zu?
Bei pH 10 liegen die Proteine des Blutserums praktisch vollständig vor als

A. Kationen
B. Anionen
C. ungeladene Moleküle
D. Zwitterionen
E. protonierte Moleküle

2.62   2.3   Fragentyp A_1

Keratin ist chemisch ein

A. Globulin
B. Octapeptid
C. fibrilläres Protein

D. extrem basisches Protein

E. Stoffwechselprodukt des Muskels

2.63 2.3 Fragentyp A_1

Die Proteine X und Y sind durch folgende Eigenschaften charakterisiert:
X: Isoelektrischer Punkt bei pH 5,2; Mol.-Gew. 45 000.
Y: Isoelektrischer Punkt bei pH 5,4; Mol.-Gew. 110 000.
Welches Verfahren zur Trennung eines Gemisches der Proteine X und Y bietet die größte Aussicht auf Erfolg?

A. Elektrophorese

B. Isoelektrische Focussierung

C. Gaschromatographie

D. Gelfiltration bzw. Gelchromatographie

E. Ionenaustauschchromatographie

2.64 2.67
2.65
2.66 2.3 Fragentyp B

Die in Liste 2 aufgeführten Proteine sind den in Liste 1 aufgeführten Bestimmungsmethoden so zuzuordnen, daß jeweils das einfachste Verfahren zur spezifischen quantitativen Bestimmung im unfraktionierten Serum ausgewählt wird.

Liste 2

A. Gesamteiweiß

B. Albumin

C. Immunglobulin G

D. Lactatdehydrogenase

Liste 1

2.64 Radiale Immundiffusion mit Antikörpern

2.65 Optischer Test bei Sättigung mit Cosubstrat und Substrat

2.66 Biuret-Reaktion und Photometrie

2.67 Trägerelektrophorese und photometrische Auswertung nach Färbung

2.68   2.3   Fragentyp C

Bei der Elektrophorese in einem Puffer von pH 8,6 wandern alle Serumeiweiße anodisch,

weil

ihre isoelektrischen Punkte im schwach sauren bis neutralen Bereich liegen.

2.69   2.3   Fragentyp C

Bei einem Puffer von pH 8,5 wandern Serumproteine bei der Elektrophorese zur Kathode,

weil

ihre isoelektrischen Punkte im schwach sauren Bereich liegen.

2.70   2.3   Fragentyp A_1

Die Biuret-Reaktion dient zum Nachweis von

A. Fetten
B. Stärke
C. Proteinen
D. Nucleinsäuren
E. Harnsäure

3. Enzyme, Coenzyme

3.01　　　　　　　3.1　　　　　　Fragentyp A_1

Isoenzyme sind charakterisiert durch

A. identischen Molekülbau
B. identische Substrate
C. identische Hitzeempfindlichkeit
D. identische elektrophoretische Wanderungsgeschwindigkeit
E. identisches Mengenverhältnis in verschiedenen Geweben

3.02　　　　　　　3.1　　　　　　Fragentyp A_1

Isoenzyme sind

A. multiple Formen eines Enzyms, welche die gleiche Reaktion katalysieren
B. aus kovalent verknüpften Untereinheiten aufgebaut
C. durch die gleichen Primärstrukturen gekennzeichnet
D. durch den gleichen isoelektrischen Punkt gekennzeichnet
E. durch Gelfiltration trennbar

3.03   3.1   Fragentyp A₁

Das aktive Zentrum eines Enzyms

A. ist in seiner Konformation unabhängig von pH-Änderungen
B. ist der helicale Abschnitt der Raumstruktur des Enzyms
C. ist die Bindungsstelle für die Zusammenlagerung mehrerer Proteinuntereinheiten zur Quartärstruktur
D. ist der thermolabile Anteil des Enzyms
E. ist der Teil des Enzymproteins, an dem die Umsetzung des Substrats zum Reaktionsprodukt stattfindet

3.04   3.1   Fragentyp D

Ein Enzymprotein kann durch welche der folgenden Parameter charakterisiert werden?

1) pH-Optimum
2) V_{max}
3) Michaelis-Konstante
4) Hemmbarkeit durch Inhibitoren

3.05   3.1   Fragentyp D

Enzyme als Biokatalysatoren bewirken bei den von ihnen katalysierten Reaktionen

1) eine Erniedrigung der Aktivierungsenergie der Reaktion
2) eine Erhöhung der Reaktionsgeschwindigkeitskonstanten k
3) eine Erhöhung der Reaktionsgeschwindigkeit
4) eine Verschiebung des Gleichgewichtes der Reaktion

3.06   3.1   Fragentyp A₁

Welche Aussage trifft zu? Enzyme

A. verschieben das Gleichgewicht zugunsten der Reaktionsprodukte
B. machen aus endergonen Reaktionen exergone Reaktionen
C. erniedrigen die freie Energie der Reaktion
D. beschleunigen die Gleichgewichtseinstellung einer Reaktion
E. sind bei 37°C maximal aktiv

3.07 3.10
3.08 3.11
3.09   3.1   Fragentyp B

Ordnen Sie den in Liste 1 aufgeführten Reaktionen die Enzyme in Liste 2 richtig zu.

Liste 1

3.07 Glycerinaldehyd-3-phosphat ⇌ Dihydroxyacetonphosphat

3.08 Glykogen + P ⟶ Glucose-1-phosphat + Glykogen

3.09 Phenylalanin + $NADPH_2$ + O_2 ⟶ Tyrosin + NADP + H_2O

3.10 Fructose-1,6-bisphosphat ⇌ Glycerinaldehyd-3-phosphat + Dihydroxyaceton-phosphat

3.11 Fettsäure + ATP + HSCoA ⟶ Acyl-CoA + AMP + PP

Liste 2

A. Monooxygenase   D. Transferase
B. Synthetase   E. Isomerase
C. Lyase

3.12   3.1   Fragentyp D

Folgende Verbindungen sind Substrate für Phosphodiesterasen:

1) Lecithin
2) Fructose-1.6-bisphosphat
3) Cyclisches AMP
4) 2,3-Bisphosphoglycerat

3.13   3.1   Fragentyp A_1

Die richtige Bezeichnung für die allgemeine Reaktion
R-O-R' + HO-P $\longrightarrow$ R-O-P + HO-R' ist

A. Hydrolyse
B. Oxydoreduktion
C. Isomerisierung
D. Glucuronidierung
E. Phosphorolyse

3.14   3.1   Fragentyp D

Bei welchen Vorgängen sind Sekretionsenzyme von Bedeutung?

1) Glykogenabbau
2) Blutgerinnung
3) Antikörpersynthese
4) Verdauung

3.15   3.1   Fragentyp D

Welche Aussage ist richtig?

1) NAD ist ein Cosubstrat für Dehydrogenasen.
2) NAD hat ein Absorptionsmaximum bei der Wellenlänge 340 nm.
3) NAD enthält Nicotinsäureamid.
4) NAD ist Baustein der Nucleinsäuren.

3.16   3.1   Fragentyp C

Die Isoenzyme der Lactat-Dehydrogenase (LDH) können elektrophoretisch getrennt werden,

weil

ihre K_m-Werte für Lactat unterschiedlich sind.

3.17 3.1 Fragentyp D

Enzymaktivitäten werden für diagnostische Zwecke nach Möglichkeit gemessen

1) bei Sättigung mit Substrat
2) beim pH-Optimum des jeweiligen Enzyms
3) bei Sättigung mit Cosubstrat
4) bei Substratkonzentrationen im Bereich des K_m

3.18 3.1 Fragentyp A_1

Dehydrogenasen benutzen die folgenden Coenzyme mit Ausnahme von

A. NAD
B. NADP
C. FAD
D. CoA
E. FMN

3.19 3.1 Fragentyp A_1

Ein gereinigtes Enzym, das eine molare Masse von 100 000 (g·mol^{-1}) und 2 aktive Zentren besitzt, hat eine spezifische Aktivität von 2000 U/mg Enzymprotein. Wie groß ist die molare Aktivität (min^{-1}) pro Untereinheit?

A. 5.000
B. 10.000
C. 25.000
D. 50.000
E. 100.000

3.20 3.1 Fragentyp A_1

5 µg eines reinen Enzyms, das eine molare Masse von 50.000 g·mol^{-1} hat, bewirken einen maximalen Substratumsatz von 10 µmol/min. Wie groß ist die molare Aktivität (min^{-1}) des Enzyms?

A. 10.000
B. 25.000
C. 50.000
D. 100.000
E. 500.000

3.21 3.24
3.22 3.25
3.23   3.1   Fragentyp B

Ordnen Sie den in Liste 1 aufgeführten Ausdrücken die
Begriffe in Liste 2 richtig zu.

Liste 1

3.21 $\dfrac{\mu mol \text{ (umgesetztes Substrat)}}{1 \text{ min}}$

3.22 $\dfrac{\mu mol \text{ (umgesetztes Substrat)} \cdot \text{molare Masse } (g \cdot mol^{-1})}{min \cdot \mu g \text{ (Enzym)} \cdot n \text{ (Zahl der aktiven Zentren)}}$ $\left[min^{-1}\right]$

3.23 $\dfrac{\mu mol \text{ (umgesetztes Substrat)}}{min \cdot mg \text{ (Protein)}}$

3.24 $mol \cdot l^{-1}$

3.25 $\dfrac{\mu mol \text{ (umgesetztes Substrat)}}{min \cdot l \text{ (Körperflüssigkeit)}}$

Liste 2

A. Enzymeinheit (U)

B. Dimension der Michaelis-Konstanten

C. Konzentration der Enzymaktivität

D. Spezifische Enzymaktivität

E. Molare Aktivität pro aktives Zentrum (Wechselzahl)

3.26   3.1   Fragentyp A_1

In einer Küvette (d = 1 cm) mit 1 ml Reaktionsansatz,
der 0,1 ml Blutserum enthält, wird für das Cosubstrat
NADH bei der Wellenlänge von 366 nm eine Extinktions-
abnahme von 0,068 pro Minute gemessen. Welche Enzymaktivität (U/l) liegt in einem Liter Blutserum vor?
(1 U bewirkt den Umsatz von 1 µmol Substrat pro Minute;
$\varepsilon_{NADH, 366 \text{ nm}} = 3,4 \cdot 10^3 \, l \cdot mol^{-1} \cdot cm^{-1}$)

A. 10   D. 200
B. 20   E. 2000
C. 100

3.27	3.1	Fragentyp C

Bei Substratsättigung ist die maximale Reaktionsgeschwindigkeit von der Enzymkonzentration abhängig,

<u>weil</u>

die Reaktionsgeschwindigkeit der Konzentration des Enzym-Substrat-Komplexes proportional ist.

3.28	3.1	Fragentyp D

Die Michaelis-Konstante K_m

1) hat einen charakteristischen Wert für ein gegebenes Enzym-Substrat-System und ist unabhängig von der Enzymkonzentration
2) hat für sämtliche Substrate eines Enzyms denselben numerischen Wert
3) kann durch allosterische Modulatoren verändert werden
4) ist gleich der Konzentration des Substrates, bei welcher die höchste Reaktionsgeschwindigkeit erreicht wird

3.29	3.1	Fragentyp D

Für die neue Einheit "Katal" (kat) der katalytischen Aktivität eines Enzyms gilt:

1) $kat = \dfrac{mol\ Substrat}{Sekunde}$

2) Das Maß für die katalytische Konzentration ist $\dfrac{kat}{l}$

3) 1 U (µmol Substrat/min) = 16,67 nkat

4) $kat = \dfrac{mol\ Substrat}{mol\ Enzym}$

3.30
3.31
3.32   3.1   Fragentyp B

Für 5 µg eines hochgereinigten Enzyms, das eine molare Masse von 50.000 (g·mol^{-1}) und 4 aktive Zentren besitzt, wird in 1 ml Reaktionsansatz eine katalytische Aktivität von 10 µkat gemessen (1 kat = 1 mol Substratumsatz pro Sekunde). Ordnen Sie die Angaben in Liste 2 den in Liste 1 gestellten Fragen richtig zu.

Liste 1

3.30 Wie groß ist die molare Aktivität (s^{-1}) des Enzyms in kat/mol Enzym?

3.31 Wie groß ist die Wechselzahl (s^{-1}) des Enzyms in kat/mol Untereinheit?

3.32 Wie groß ist die katalytische Konzentration des Enzyms im Reaktionsansatz in µkat/l?

Liste 2

A. 5.000   B. 10.000   C. 25.000
D. 50.000   E. 100.000

3.33   3.1   Fragentyp C

Der negative dekadische Logarithmus des Durchlässigkeitsgrades (= Extinktion) ist bei photometrischen Messungen die gebräuchliche Maßeinheit,

weil

er linear proportional mit Schichtdicke und Konzentration einer Licht-absorbierenden Substanz zunimmt.

3.34   3.1   Fragentyp D

Die Anfangsgeschwindigkeit (V_o) einer enzymatischen Reaktion

1) verläuft linear proportional zur Substratkonzentration, wenn [S] > K_m und [E] konstant ist
2) ist linear proportional der Enzymkonzentration [E] bei Sättigung mit Substrat

3) ist abhängig vom K_m des Enzyms für das betreffende Substrat
4) ist vom pH des verwendeten Puffers abhängig

3.35   3.1   Fragentyp A_1

Bei der kompetitiven Hemmung eines Enzyms ändert sich welcher Parameter?

A. K_m + V_{max}
B. Nur K_m
C. Nur V_{max}
D. Weder K_m noch V_{max}
E. Die Dissoziationskonstante des Inhibitors (K_i)

3.36   3.1   Fragentyp C

Enzymaktivitäten werden unter Standardbedingungen bei 25°C gemessen,

weil

hier das Temperaturoptimum der meisten Enzyme liegt.

3.37   3.1   Fragentyp A_1

Wie hoch muß die Substratkonzentration gewählt werden, damit bei einer Enzymreaktion eine annähernd maximale Umsatzgeschwindigkeit (=99% von V_{max}) erreicht wird?

A. 0,5 K_m D. 10 K_m
B. 2 K_m E. 100 K_m
C. 4 K_m

3.38   3.1   Fragentyp A_3

Für eine enzymatische Reaktion gilt:

$$E + S \underset{k-1}{\overset{k+1}{\rightleftharpoons}} ES \xrightarrow{k+2} E + P$$

Welche der folgenden Gleichungen trifft für die Bedingung der Substratsättigung <u>nicht</u> zu?
(E_t = Gesamtkonzentration des Enzyms)

A. $V_{max} = k+2\ [ES]$
B. $[S] \gg K_m$
C. $V_{max} = k+1\ [E] \cdot [S]$
D. $E_t = [ES]$
E. $K_m = [S]$ für $v = \dfrac{V_{max}}{2}$

3.39   3.1   Fragentyp A_1

Welche Aussage trifft zu?
Substratsättigung bedeutet in der Enzymkinetik:

A. Die Substratkonzentration entspricht der Michaelis-Konstanten.
B. Es liegt eine substratgesättigte Lösung vor.
C. Die Substratkonzentration ist gleich der Enzymkonzentration.
D. Alle Enzymmoleküle liegen als Enzym-Substrat-Komplex vor.
E. Der Substratumsatz verläuft als Reaktion 1. Ordnung exponentiell.

3.40   3.1   Fragentyp D

Welche Aussage trifft zu?
Das pH-Optimum eines Enzyms

1) ist der pH-Wert, bei dem das Enzym voll protoniert ist
2) hängt von der Substratkonzentration ab
3) hängt von der Enzymkonzentration ab
4) ist die Wasserstoff-Ionen-Konzentration, bei der die Aktivität eines Enzyms am größten ist

3.41   3.1   Fragentyp D

Eine enzymatische Reaktion wird durch einen kompetitiv wirkenden Hemmstoff beeinflußt. Das Ergebnis wurde doppeltreziprok nach Lineweaver-Burk in einem Diagramm aufgetragen. Gegenüber der sonst gleichen Kontrollmeßreihe ohne Hemmstoff ändern sich:

1) $\dfrac{1}{V_{max}}$ 2) $\dfrac{1}{[S]}$ 3) $\dfrac{1}{V_{max}}$ und $-\dfrac{1}{K_m}$

4) $-\dfrac{1}{K_m}$

3.42   3.1   Fragentyp D

Die Geschwindigkeit V einer Reaktion nullter Ordnung ist abhängig von

1) der Substratkonzentration
2) der Temperatur
3) dem Energieinhalt des Stoffes
4) der Reaktionsgeschwindigkeitskonstanten

3.43   3.1   Fragentyp C

Für Messungen von Enzymaktivitäten ist die Kenntnis der K_m-Werte von Substrat und Cosubstrat notwendig,

weil

sich daraus die Sättigungskonzentrationen berechnen lassen.

3.44   3.1   Fragentyp A_3

Welche Antwort ist <u>falsch</u>?
Die Michaelis-Konstante eines Enzyms

A. gibt eine Substratkonzentration an

B. ist von der Enzymkonzentration unabhängig

C. ist um so größer, je stärker die Affinität des Enzyms zum Substrat ist

D. kann durch Messung der Reaktionsgeschwindigkeit bei verschiedenen Substratkonzentrationen ermittelt werden

E. bleibt bei nichtkompetitiver Hemmung der enzymatischen Reaktion gleich

3.45 3.48
3.46 3.49
3.47   3.1   Fragentyp B

Ordnen Sie den in Liste 1 gegebenen Begriffen die in Liste 2 aufgeführten Angaben richtig zu.

Liste 1

3.45 Michaelis-Konstante (K_m)

3.46 Substratkonstante (K_s)

3.47 Kompetitive Hemmung

3.48 Nichtkompetitive Hemmung

3.49 Allosterische Aktivierung des Enzyms vom K-Typ

Liste 2

A. Erniedrigung von K_m

B. Dissoziationskonstante des Enzym-Substrat-Komplexes

C. Erhöhung von K_m bei unveränderter Maximalgeschwindigkeit

D. Erniedrigung der Maximalgeschwindigkeit bei unveränderter K_m

E. Substratkonzentration für die halbe maximale Geschwindigkeit der Reaktion

| 3.50 | 3.1 | Fragentyp D |

Die Michaelis-Konstante K_m

1) ist für jedes Enzym-Substrat-Paar mit der Substratkonstanten ($K_s = \frac{k-1}{k+1}$) identisch
2) hat für sämtliche Substrate und Cosubstrate desselben Enzyms denselben numerischen Wert
3) wird experimentell dadurch ermittelt, daß man die Abhängigkeit der Reaktionsgeschwindigkeit von der Enzymkonzentration bestimmt
4) kann bei allosterischen Enzymen durch Effectoren (Modulatoren) erhöht oder erniedrigt werden

| 3.51 | 3.1 | Fragentyp D |

Die Michaelis-Menten-Hypothese

1) postuliert die Bildung eines Enzym-Substrat-Komplexes
2) fordert, daß die Geschwindigkeit der Produktbildung von der Konzentration des Enzym-Substrat-Komplexes unabhängig ist
3) setzt Substratkonzentration und Enzymkonzentration zur Reaktionsgeschwindigkeit v_o in quantitative Beziehung
4) definiert die Michaelis-Konstante K_m als die Substratkonzentration, die zum Erreichen der Maximalgeschwindigkeit notwendig ist.

| 3.52 | 3.1 | Fragentyp D |

Die Michaelis-Konstante (K_m)

1) ist die Substratkonzentration bei halbmaximaler Reaktionsgeschwindigkeit
2) ist die Enzymkonzentration bei halbmaximaler Reaktionsgeschwindigkeit
3) ist unabhängig von der Enzymkonzentration
4) ist die Reaktionsgeschwindigkeit bei halbmaximaler Sättigungskonzentration

3.53	3.1	Fragentyp C

Die Messung von Enzymaktivitäten für diagnostische Zwecke soll bei Substratsättigung erfolgen,

weil

unter diesen Bedingungen die Reaktionsgeschwindigkeit linear proportional zur Enzymkonzentration ist.

3.54	3.1	Fragentyp C

Ein kompetitiver Hemmstoff eines Enzyms führt zur Erniedrigung von V_{max},

weil

er die Michaelis-Konstante des Enzyms erhöht.

3.55	3.1	Fragentyp C

Ein kompetitiver Hemmstoff eines Enzyms führt zur Erniedrigung von V_{max},

weil

er die Substratbindungsstelle besetzt.

3.56	3.1	Fragentyp C

Allosterische Enzyme vom K-Typ ermöglichen eine kurzfristige Regulation von Stoffwechselwegen,

weil

der allosterische Effector bei diesen Enzymen die Michaelis-Konstante verändert.

3.57	3.1	Fragentyp A_1

Bei der Messung einer Enzymaktivität setzen Sie eine Substratkonzentration von $2 \cdot 10^{-3}$M ein, der K_m-Wert des

Substrats beträgt $2 \cdot 10^{-5}$M. Wieviel % der Maximalgeschwindigkeit erreicht in diesem Ansatz die Anfangsgeschwindigkeit?

A. 80%   B. 90%   C. 94%   D. 99%   E. 100%

3.58　　　　　　　3.1　　　　　Fragentyp D

Welche der nachfolgend gegebenen Bedingungen müssen Sie für die Bestimmung der Aktivität eines NAD-abhängigen Enzyms wählen?

1) $[S] \gg K_m$ für Substrat
2) Sehr hohe Enzymkonzentration
3) $[NAD^+] \gg K_m$ für Cosubstrat NAD^+
4) Substratkonzentration = Enzymkonzentration

3.59　　　　　　　3.1　　　　　Fragentyp C

Pepsin hat sein pH-Optimum zwischen pH 1 und 2,

weil

am katalytischen Zentrum eine Aminosäure mit Carboxylgruppe in der Seitenkette als Protonendonator fungiert.

3.60　　　　　　　3.1　　　　　Fragentyp C

Glycerin läßt sich in Anwesenheit von ATP mit Hilfe von Glycerokinase im gekoppelten optischen Test messen,

weil

das entstehende ADP in Anwesenheit von Phosphoenolpyruvat mit Pyruvatkinase und Lactatdehydrogenase über $NADH_2$ als Indikator bestimmt werden kann.

3.61   3.1   Fragentyp D

Für die präparative Reindarstellung eines Enzyms sind folgende Verfahren geeignet:

1) Fällung mit Ammoniumsulfat
2) Ionenaustauschchromatographie
3) Gelchromatographie
4) Papierchromatographie

3.62   3.1   Fragentyp A_2

Welche Antwort ist <u>die beste</u>?
In einem Serum ist die Aktivität der Isoenzyme 1 und 2 der Lactat-Dehydrogenase und die Aktivität der Kreatinphosphokinase erhöht. Aus welchem Organ bzw. welchem Gewebe stammen die Enzymaktivitäten mit größter Wahrscheinlichkeit?

A. Leukocyten   D. Herzmuskel
B. Skeletmuskel   E. Niere
C. Leber

3.63   3.1   Fragentyp D

Der Nachweis welches/welcher der angeführten Enzyme im Serum kann zur Diagnose einer akuten Pankreatitis verwendet werden?

1) Saure Phosphatase
2) α-Amylase
3) Pepsin
4) Lipase

3.64   3.1   Fragentyp C

Ein erhöhter Aktivitätsspiegel an Lactat-Dehydrogenase (LDH) im Serum läßt auf eine akute Schädigung des Herzmuskels schließen,

<u>weil</u>

der gesunde Herzmuskel reichlich LDH enthält.

3.65   3.1   Fragentyp C

Die Hexokinase des Gehirns (K_m für Glucose = 1×10^{-5}M) ist normalerweise mit Glucose weitgehendst gesättigt,

weil

der physiologische Glucosespiegel im Blut 5×10^{-3}M ist.

3.66 3.69
3.67 3.70
3.68   3.1   Fragentyp B

Ordnen Sie die in Liste 2 aufgeführten Pharmaka bzw. Gifte den in Liste 1 aufgeführten Enzymen entsprechend ihrer spezifischen Hemmwirkung richtig zu.

Liste 1   Liste 2

3.66 DNA-abhängige RNA-Polymerase   A. Theophyllin

3.67 Xanthinoxidase   B. Cyanid

3.68 Acetylcholin-Esterase   C. Allopurinol

3.69 Cyclo-AMP-Phospho-Diesterase   D. Rifampicin

3.70 Cytochrom-Oxidase   E. Parathion (E 605)
     (Cytochrom a/a_3)

3.71
3.72
3.73   3.1   Fragentyp B

Ordnen Sie die in Liste 2 aufgeführten Enzyme nach ihrer Lokalisation den in Liste 1 aufgeführten Zellkompartimenten richtig zu.

Liste 1   Liste 2

3.71 Zellmembran   A. Fettsäure-Synthetase

3.72 Mitochondrien   B. Adenylatcyclase

3.73 Lysosomen   C. ß-Glucuronidase

                        D. Glutamat-Dehydrogenase

                        E. Lactat-Dehydrogenase

3.74   3.1   Fragentyp A$_3$

Welche Aussage ist <u>falsch</u>?
Bei allosterischen Enzymen

A. handelt es sich um Proteine mit Quartärstruktur

B. besteht eine Kooperativität der Untereinheiten für die Bindung des homotropen Effectors (Substrat)

C. erniedrigt ein heterotroper negativer Effector die Affinität zum Substrat

D. liegen die monomeren Untereinheiten in zwei Konformationszuständen vor

E. ist das katalytische und allosterische Zentrum auf verschiedenen Untereinheiten lokalisiert

4. Stoffwechsel der Aminosäuren

4.01 4/2.1 Fragentyp D

Welche Aussage trifft zu?
α-Aminosäuren

1) geben eine positive Biuret-Reaktion
2) können mit Ninhydrin nachgewiesen werden
3) zeigen Mutarotation
4) können in der D- und L-Form vorliegen

4.02 4.1 Fragentyp A_1

Das Coenzym der Transaminierung ist

A. Nicotinamiddinucleotid
B. Nicotinamiddinucleotidphosphat
C. Biotin
D. Pyridoxalphosphat
E. Thiaminpyrophosphat

4.03 4.1 Fragentyp D

Freie Aminosäuren müssen für folgende Stoffwechselreaktionen mit ATP "aktiviert" werden:

1) Transaminierungsreaktion
2) Für die oxidative Desaminierung
3) Für die Umwandlung in biogene Amine
4) Für die Fixierung an tRNA

4.04
4.05
4.06   4.1   Fragentyp B

Ordnen Sie die in Liste 2 gegebenen allgemeinen Gleichungen (ohne Coenzyme) den in Liste 1 aufgeführten Reaktionen von Aminosäuren richtig zu.

Liste 1

4.04 Decarboxylierung

4.05 Transaminierung

4.06 Oxidative Desaminierung

Liste 2

A. $R_1-CH-COO^\ominus + R_2-C-COO^\ominus \rightleftharpoons R_1-C-COO^\ominus + R_2-CH-COO^\ominus$
         $|$ $\|$ $\|$ $|$
      $^\oplus NH_3$ O O $^\oplus NH_3$

B. $R_1-CH-COO^\ominus + R_2-C-COO^\ominus \rightleftharpoons R_1-C-COO^\ominus + R_2-CH_2-C\overset{O}{\underset{NH_2}{\diagdown}}$
         $|$ $\|$ $\|$
       NH_2 O O

C. $R-\underset{\underset{^\oplus NH_3}{}}{\overset{H}{\underset{|}{C}}}-COO^\ominus \longrightarrow R-\overset{H}{\underset{H}{\underset{|}{C}}}-NH_2 + CO_2$

D. $R-CH-COO^\ominus + O_{2/2} \longrightarrow R-C-COO^\ominus + NH_4^+$
       $|$ $\|$
    $^\oplus NH_3$ O

E. $R-CH-COO^\ominus + H_2O \longrightarrow R-\overset{H}{\underset{OH}{\underset{|}{C}}}-COO^\ominus + NH_4^+$
       $|$
    $^\oplus NH_3$

4.07   4.1   Fragentyp A_1

Die enzymatische Transaminierung zwischen Glutamat und Pyruvat liefert

A. Alanin/α-Ketoglutarat
B. Glycin/Oxalacetat
C. Alanin/Acetoacetat

D. Aspartat/α-Ketoglutarat

E. Keiner der angegebenen Reaktionspartner ist richtig

4.08   4.1   Fragentyp A_1

Welche Aminosäure entsteht durch Transaminierung von Oxalessigsäure?

A. Alanin
B. Asparaginsäure
C. Glutaminsäure
D. Serin
E. Threonin

4.09   4.1   Fragentyp A_3

Welche Antwort ist <u>falsch</u>?
Pyridoxal-5-phosphat ist als Coenzym bei folgenden Reaktionen beteiligt:

A. Transaminierung

B. α,β-Elimination bei Aminosäuren

C. Oxidative Desaminierung von Aminosäuren

D. Decarboxylierung von Aminosäuren

E. Synthese von δ-Aminolävulinsäure

4.10   4.1   Fragentyp A_1

Glutaminsäure-Dehydrogenase

A. unterscheidet sich von anderen L-Aminosäure-Oxidasen dadurch, daß sie als Coenzym FAD benötigt

B. setzt neben L-Glutaminsäure auch Glutamin als Substrat um

C. ist im Cytosol der Zelle lokalisiert

D. ist im Zentralnervensystem an der Bildung von γ-Aminobuttersäure beteiligt

E. oxidiert in NAD-abhängiger Reaktion L-Glutaminsäure zu α-Ketoglutarsäure

4.11 4.1 Fragentyp A$_1$

Der α-Aminostickstoff der Aminosäuren wird bei Säugetieren im Harn vorwiegend ausgeschieden als

A. Ammoniak
B. Glutamin
C. Harnstoff
D. Kreatinin
E. Harnsäure

4.12 4.1 Fragentyp C

Der Mensch kann Harnstoff zur Synthese von Arginin und Asparaginsäure benutzen,

weil

der Harnstoffcyclus reversibel ist.

4.13 4.16
4.14 4.17
4.15 4.1 Fragentyp E

Ordnen Sie den in Liste 1 aufgeführten Verbindungen die im Schema der Harnstoffbiosynthese eingetragenen Metaboliten A-E in Liste 2 richtig zu.

Liste 1

4.13 Citrullin
4.14 Fumarsäure
4.15 Isoharnstoff
4.16 Ornithin
4.17 Argininobernsteinsäure

Liste 2

Carbamylphosphat

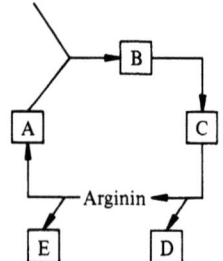

4.18 4.1 Fragentyp A_1

Ornithin ist

A. eine essentielle Aminosäure
B. eine aromatische Aminosäure
C. im Harnstoffcyclus Acceptormolekül für Aspartat
D. Bausteinmolekül für Kollagen
E. im Harnstoffcyclus Acceptormolekül für Carbamylphosphat

4.19 4.1 Fragentyp A_3

Welche Aussage ist <u>falsch</u>?
Zwischenprodukte des Harnstoffcyclus sind

A. Arginin
B. Citrullin
C. Asparagin
D. Ornithin
E. Argininosuccinat

4.20 4.1 Fragentyp A_3

Welche Antwort ist falsch?
Enzymdefekte des Harnstoffcyclus

A. können mit proteinarmer Diät behandelt werden
B. sind häufig durch Anstieg des Ammoniakgehaltes im Blut charakterisiert
C. sind durch fehlende Harnstoffausscheidung gekennzeichnet
D. haben Citrullinämie und Argininosuccinaturie zur Folge
E. sind recessiv vererbbar

4.21 4.1 Fragentyp D

NH₃ ist Substrat oder Produkt bei Reaktionen welcher der nachfolgend aufgeführten Enzyme?

1) Glutaminsäure-Dehydrogenase
2) Aminosäure-Oxidase
3) Glutaminase
4) Glutamin-Synthetase

4.22 4.1 Fragentyp D

NH₃ kann im Zellstoffwechsel bei welchen der nachfolgenden enzymatischen Reaktionen entstehen?

1) Transaminasereaktion
2) Reaktion der L-Glutaminsäure-Dehydrogenase
3) Reaktion der ATP-abhängigen Glutaminsynthetase
4) Reaktion der Glutaminase

4.23 4.1 Fragentyp D

Der bei der oxidativen Desaminierung von Aminosäuren freiwerdende Ammoniak kann durch welche der nachfolgenden Reaktionen und Stoffwechselwege eliminiert werden?

1) Harnstoffcyclus
2) Bildung von Harnsäure
3) Bildung von Glutaminsäure durch die L-Glutaminsäure-Dehydrogenase
4) Bildung von Kreatin

4.24 4.1 Fragentyp D

Carbamylphosphat ist Ausgangsstoff welcher der nachfolgenden Stoffwechselwege?

1) Purinbiosynthese   3) Porphyrinbiosynthese
2) Pyrimidinbiosynthese   4) Harnstoffbiosynthese

4.25   4.1   Fragentyp D

Für Glutaminsäure-Dehydrogenase trifft zu:

1) Die Aktivität kann im enzymatisch-optischen Test bestimmt werden.
2) Ein Anstieg der Enzymaktivität im Serum ist ein Indikator für Leberschäden.
3) Sie katalysiert die Bildung von Glutaminsäure.
4) Sie benutzt FAD als Coenzym.

4.26   4.1   Fragentyp D

Glutamin ist als Stickstoffdonator bei folgenden Reaktionen beteiligt:

1) Purinbiosynthese
2) Reaktion Oxalessigsäure → Asparaginsäure
3) Aminozuckersynthese
4) Reaktion Inosin-5'-phosphat → Adenosin-5'-phosphat

4.27   4.1   Fragentyp A_1

Welche Reaktion wird durch die Glutaminsynthetase katalysiert?

A. Bildung von Glutamat aus α-Ketoglutarat
B. Fixierung von NH_3 an Glutamat
C. Bildung von Glutathion
D. Freisetzung von NH_3 aus Glutamin
E. Bildung von Glutamat durch Transaminierung

4.28	4.2	Fragentyp A_1

Der in den Tubulusepithelzellen gebildete und sezernierte Ammoniak stammt vorwiegend von welcher Aminosäure?

A. Leucin
B. Glycin
C. Alanin
D. Glutamin
E. Asparagin

4.29	4.2	Fragentyp A_3

Welche Aussage ist <u>falsch</u>?
Methionin

A. ist eine essentielle Aminosäure
B. wird bei Cystinurie vermehrt im Urin ausgeschieden
C. dient im Stoffwechsel als Methylgruppendonator
D. liefert den Schwefel für die Biosynthese des Cysteins
E. kann mit ATP zu S-Adenosylmethionin aktiviert werden

4.30 4.31 4.32	4.2	Fragentyp B

Ordnen Sie die in Liste 2 aufgeführten Aminosäuren den aus ihnen entstandenen biogenen Aminen in Liste 1 richtig zu.

Liste 1

4.30 Serotonin

4.31 Dopamin

4.32 γ-Aminobuttersäure

Liste 2

A. Tyrosin
B. Asparaginsäure
C. Tryptophan
D. Serin
E. Glutaminsäure

4.33   4.2   Fragentyp A_1

Welche der folgenden Aminosäuren wirkt gluco- und ketoplastisch?

A. Alanin
B. Threonin
C. Leucin
D. Isoleucin
E. Cystein

4.34   4.2   Fragentyp A_1

Welche Aminosäure liefert bei ihrem Abbau Propionyl-CoA + Acetyl-CoA?

A. Threonin
B. Leucin
C. Isoleucin
D. Prolin
E. Tyrosin

4.35   4.2   Fragentyp D

Welche der nachfolgenden Aminosäuren werden durch Transaminasereaktion in Intermediate des Citratcyclus umgewandelt?

1) Alanin
2) Glutaminsäure
3) Valin
4) Asparaginsäure

4.36   4.2   Fragentyp A_1

Welche der folgenden Aminosäuren liefert bei ihrem Abbau Acetyl-CoA und Acetoacetat?

A. Valin
B. Leucin
C. Glutaminsäure
D. Arginin
E. Prolin

4.37	4.2	Fragentyp D

Welche der nachfolgenden Aminosäuren können bei der Ketoacidurie (Ahornsirupkrankheit) nicht durch Decarboxylierung weiter abgebaut werden?

1) Isoleucin
2) Threonin
3) Valin
4) Methionin

4.38	4.2	Fragentyp C

Valin ist keine essentielle Aminosäure,

weil

es eine verzweigte Kette besitzt.

4.39	4.2	Fragentyp A_3

Welche Aussage trifft nicht zu?
S-Adenosylmethionin kann als Methylgruppen-Donator bei folgenden Reaktionen eine Rolle spielen?

A. Guanidinoacetat ⟶ Kreatin
B. Äthanolamin ⟶ Cholin
C. Noradrenalin ⟶ Adrenalin
D. Uracil ⟶ Methyluracil
E. Propionyl-CoA ⟶ Methylmalonyl-CoA

4.40	4.2	Fragentyp A_1

S-Adenosylmethionin liefert die Methylgruppen für

A. Steroide
B. β-Hydroxy-β-methyl-glutaryl-CoA
C. Methylmalonyl-CoA
D. Cholin
E. Methyl-tetrahydrofolsäure

4.41   4.2   Fragentyp D

Einkohlenstoffeinheiten für Biosynthesen sind

1) N_{10}-Formyl-tetrahydrofolsäure
2) Carboxybiotin
3) N_5-Methyl-tetrahydrofolsäure
4) S-Adenosylmethionin

4.42   4.45
4.43   4.46
4.44   4.2   Fragentyp B

Klassifizieren Sie die in Liste 1 genannten Aminosäuren hinsichtlich ihrer ketogenen und glucogenen Wirkung (Liste 2).

Liste 1

4.42 Alanin
4.43 Leucin
4.44 Tyrosin
4.45 Glutaminsäure
4.46 Isoleucin

Liste 2

A. Ketoplastisch
B. Glucoplastisch
C. Ketoplastisch und glucoplastisch

4.47   4.2   Fragentyp D

Glucoplastische Aminosäuren sind

1) Leucin
2) Serin
3) Aminosäuren, die beim Abbau Acetyl-CoA liefern
4) Aminosäuren, die beim Abbau Zwischenprodukte des Citratcyclus liefern

4.48	4.51		
4.49	4.52		
4.50		4.2	Fragentyp B

Ordnen Sie den in Liste 1 angegebenen Stoffwechselwegen die in Liste 2 aufgeführten Strukturformeln richtig zu.

Liste 1

4.48 Tyrosin-Abbau

4.49 Harnstoff-Synthese

4.50 Glutaminsäure-Stoffwechsel

4.51 Gluconeogenese

4.52 Citratcyclus

Liste 2

A. HOOC-CO-CH$_2$-COOH

B. HOOC-CH$_2$-CO-CH$_3$

C. HOOC-CH$_2$-CH$_2$-COOH

D. HOOC-CH(NH$_2$)-CH$_2$-COOH

E. HOOC-CH$_2$-CH$_2$-CH$_2$-NH$_2$

4.53	4.2	Fragentyp A$_1$

Die Umwandlung der Aminosäure Alanin zu Glucose-6-phosphat wird bezeichnet als

A. Glykolyse

B. oxidative Decarboxylierung

C. spezifisch dynamische Wirkung der Aminosäure

D. Gluconeogenese

E. Glykogenolyse

4.54 4.57
4.55 4.58
4.56   4.2   Fragentyp B

Ordnen Sie den in Liste 1 aufgeführten Aminosäuren die aus ihnen im Stoffwechsel gebildeten Stoffe in Liste 2 richtig zu.

Liste 1   Liste 2

4.54 Histidin   A. Taurin

4.55 Cystein   B. Serotonin

4.56 Serin   C. γ-Aminobuttersäure

4.57 Tryptophan   D. Cholin

4.58 Glutaminsäure   E. Histamin

4.59   4.2   Fragentyp D

Die glucoplastische Wirkung von Serin kann erklärt werden durch

1) seine Reaktion mit Homocystein

2) seine Umwandlung zu Glycin

3) seine Decarboxylierung zu Äthanolamin

4) seine Umwandlung zu Pyruvat

4.60   4.2   Fragentyp A_1

Welche essentielle Aminosäure kann im Körper nicht an Transaminierungsreaktionen teilnehmen?

A. Leucin   D. Methionin

B. Valin   E. Phenylalanin

C. Lysin

4.61   4.2   Fragentyp A₁

Serin ist Ausgangsprodukt bei der Biosynthese folgender Stoffe

A. Cystein
B. Sphingosin
C. Kephalin
D. Glycin
E. Alle Antworten sind richtig

4.62   4.2   Fragentyp A₁

Bei der Umwandlung von Serin in Glycin sind welche zwei Coenzyme beteiligt?

A. Vitamin B_{12} und Tetrahydrofolsäure
B. Tetrahydrofolsäure und Pyridoxal-5-phosphat
C. FAD und Pyridoxal-5-phosphat
D. Nicotinsäureamid und Pyridoxal-5-phosphat
E. Thiaminpyrophosphat und Pyridoxal-5-phosphat

4.63   4.2   Fragentyp D

Die Aminosäure Glycin wird bei der Synthese folgender Verbindungen benötigt:

1) Kollagen   3) Häm
2) Adenin   4) Uracil

4.64   4.2   Fragentyp D

Serin wird für die Synthese folgender Verbindungen benötigt:

1) Trypsin   3) Äthanolamin
2) Sphingosin   4) Cystein

4.65　　　　　　　　4.2　　　　　　Fragentyp A_1

Welches der nachfolgenden Vitamine ist ein Baustein eines beim Abbau des Glycins beteiligten Coenzyms?

A. Folsäure
B. Thiamin
C. Pantothensäure
D. Vitamin E
E. Cobalamin

4.66　　　　　　　　4.2　　　　　　Fragentyp A_3

Welche Aussage ist falsch?
Tyrosin

A. kommt in natürlich vorkommenden Proteinen in der L-Konfiguration vor
B. ist eine essentielle Aminosäure
C. ist eine Stoffwechselvorstufe von Melanin
D. wird zu Fumarat und Acetoacetat abgebaut
E. ist eine Stoffwechselvorstufe der Catecholamine

4.67　　　　　　　　4.2　　　　　　Fragentyp A_3

Welche Antwort ist falsch?
Durch Umbau bzw. Abbau von Tyrosin können folgende Verbindungen entstehen

A. Thyroxin
B. Tyramin
C. Adrenalin
D. Thyreocalcitonin
E. Trijodthyronin

4.68　　　　　　　　4.2　　　　　　Fragentyp C

Tyrosin ist keine essentielle Aminosäure,

weil

sie im Säugetierorganismus aus Phenylalanin gebildet werden kann.

4.69 4.2 Fragentyp A_1

Direkter Wasserstoffdonator bei der Biosynthese von Tyrosin aus Phenylalanin ist

A. Ascorbinsäure D. $NADH_2$
B. $FADH_2$ E. Tetrahydrofolsäure
C. Tetrahydrobiopterin

4.70 4.2 Fragentyp A_1

Die Bildung von Melanin aus Tyrosin erfordert die Mitwirkung welches der nachfolgenden Enzyme?

A. Dopachromdecarboxylase
B. Diaminoxidase
C. Peroxidase
D. Homogentisinsäure-Oxidase
E. Catecholaminoxidase

4.71 4.2 Fragentyp A_1

Im Gehirn kann Glutaminsäure enzymatisch umgewandelt werden zu γ-Aminobuttersäure. Diese Reaktion erfordert als Coenzym bzw. Cosubstrat

A. Pyridoxalphosphat D. Biotin
B. ATP E. Thiaminpyrophosphat
C. Tetrahydrofolsäure

4.72 4.2 Fragentyp D

Glutamin wird bei der Synthese folgender Verbindungen benötigt:

1) Adenin 3) Glucosamin-6-phosphat
2) Kreatin 4) Harnstoff

| 4.73 | 4.2 | Fragentyp A$_1$ |

Welche der angegebenen Aminosäuren kann unmittelbar aus einem Zwischenprodukt des Citratcyclus synthetisiert werden?

A. Asparaginsäure   D. Cystein
B. Alanin   E. Valin
C. Serin

| 4.74 | 4.2 | Fragentyp C |

3-Hydroxyprolin fehlt in Proteinen,

<u>weil</u>

für diese Aminosäure kein Triplett im genetischen Code vorhanden ist.

| 4.75 | 4.2 | Fragentyp A$_1$ |

Kynurenin ist ein

A. blutdrucksteigerndes Hormon der Niere
B. Baustein des Thiaminpyrophosphates
C. Vorläufer der Pyrimidinbiosynthese
D. Abbauprodukt des Tryptophans
E. Coenzym der Hydroxylasen

| 4.76 | 4.2 | Fragentyp A$_1$ |

Ausscheidungsprodukt der Catecholamine im Harn ist

A. Melanin
B. Phenylpyruvat
C. 3-Methoxy-4-hydroxymandelsäure
D. 5-Hydroxyindolessigsäure
E. 3,4-Dihydroxyphenylalanin

4.77	4.2	Fragentyp D

Für die Bildung welcher der nachfolgenden Stoffe kann L-Tryptophan Ausgangsstoff sein?

1) Uroporphyrin III   3) Glutathion
2) NAD   4) Serotonin

4.78	4.2	Fragentyp C

Tryptophan ist eine essentielle Aminosäure,

weil

aus ihr Serotonin entstehen kann.

4.79	4.2	Fragentyp D

Für Indikan trifft zu:

1) Es entsteht in der Leber durch Decarboxylierung von Tryptophan.
2) Sein Nachweis im Harn dient zur Diagnostik des Darmverschlusses.
3) Es ist Abbauprodukt des Serotonins.
4) Es ist chemisch Indoxylschwefelsäure.

4.80	4.2	Fragentyp A_1

Der in den Aminosäuren Methionin und Cystein enthaltene Schwefel wird im Urin hauptsächlich ausgeschieden als

A. Taurin   D. aktives Sulfat
B. Sulfid   E. anorganisches Sulfat
C. konjugierte Ester

4.81 4.2 Fragentyp D

Schwefelhaltige Aminosäuren sind in den folgenden Verbindungen enthalten:

1) Chondroitinsulfat   3) Kreatin
2) Glutathion   4) Keratin

4.82 4.2 Fragentyp A_1

Bei der im "aktiven Sulfat" PAPS (3'-Phosphoadenosin-5'-phosphosulfat) vorkommenden funktionellen Gruppe mit hohem Gruppenübertragungspotential handelt es sich chemisch um welche Struktur?

A. Thioester
B. Sulfoniumverbindung
C. Pyrophosphat
D. Thioäther
E. Gemischtes Säureanhydrid

4.83 4.2 Fragentyp D

Phenylketonurie

1) wird recessiv vererbt
2) führt unbehandelt zu Schwachsinn
3) ist bedingt durch das Fehlen eines hydroxylierenden Enzyms
4) ist charakterisiert durch die Ausscheidung von Phenylpyruvat

4.84   4.2   Fragentyp A_1

Bei der Phenylketonurie fehlt das Enzym für welche der folgenden Reaktionen?

A. Tryptophan ⟶ Tryptamin
B. Tyrosin ⟶ Dihydroxyphenylalanin
C. Phenylalanin ⟶ Tyrosin
D. Phenylalanin ⟶ Phenylbrenztraubensäure
E. Tyrosin ⟶ Tyramin

4.85   4.2   Fragentyp A_1

Alkaptonurie ist bedingt durch den Ausfall welches der aufgeführten Enzyme?

A. Phenol-Oxidase
B. Phenylalaninhydroxylase
C. Dopadecarboxylase
D. Homogentisinsäureoxidase
E. Dopaoxidase

4.86   4.2   Fragentyp A_1

Der α-Aminostickstoff der Aminosäuren erscheint im Urin von Säugetieren vorwiegend als

A. Harnsäure
B. Indican
C. Glutamin
D. Kreatinin
E. Harnstoff

5. Nucleinsäuren und Molekularbiologie

5.01 5.04
5.02 5.05
5.03   5.   Fragentyp B

Ordnen Sie den aufgeführten Produkten in Liste 1 die für ihre Synthese notwendigen Enzyme oder Coenzyme in Liste 2 richtig zu.

Liste 1   Liste 2

5.01 Polypeptide   A. Uridindiphosphatgalaktose

5.02 Polyribonucleotide   B. Xanthinoxidase

5.03 Glykoproteine   C. Aminoacyl-tRNA-Synthetase

5.04 Desoxyribonucleotide   D. RNA-Polymerase

5.05 Harnsäure   E. Thioredoxin

5.06   5.1   Fragentyp C

Die DNA ist bei Eukaryonten das genetische Material,

weil

bewiesen wurde, daß die DNA als Doppelhelix vorliegt.

5.07   5.1   Fragentyp A_1

Welche der nachfolgenden Feststellungen über Nucleinsäuren trifft am ehesten zu?

A. mRNA und DNA enthalten die gleichen Purine.
B. mRNA und DNA enthalten die gleichen Pyrimidine.
C. Cyclisches AMP kommt in der tRNA vor.
D. mRNA enthält Cytosin und Thymin.
E. tRNA und DNA sind stets an Histon gebunden.

5.08   5.1,5.3   Fragentyp A$_1$

Der von Watson und Crick eingeführte Begriff der "Doppelhelix" besagt,

A. daß das DNA-Molekül 2 Purin- und 2 Pyrimidinbasen als Bausteine besitzt
B. daß DNA zu einer identischen Replikation fähig ist
C. daß sich vor jeder Zellteilung der DNA-Bestand einer Zelle verdoppelt
D. daß ein DNA-Molekül aus 2 um eine gemeinsame Achse gewundenen DNA-Einzelsträngen besteht
E. daß innerhalb einer DNA-Kette die Primärstruktur durch die Basensequenz A - U bzw. C - G gekennzeichnet ist

5.09   5.1,5.4   Fragentyp A$_1$

Welche Aussage über die DNA ist richtig?

A. DNA ist ausschließlich im Zellkern lokalisiert.
B. Schäden an der DNA haben in jedem Fall Störungen der Proteinsynthese zur Folge.
C. Die DNA unterliegt ebenso einem intensiven Stoffwechsel wie die RNA.
D. Die Abgabe der in der DNA gespeicherten Information an die Messenger-RNA bezeichnet man als Translation.
E. Alle Aussagen sind falsch.

5.10   5.1,5.4   Fragentyp A$_3$

Welche Aussage über die DNA eukaryoter Zellen ist <u>falsch</u>?

A. DNA-Moleküle können ein Molekulargewicht von mehreren Milliarden Dalton erreichen.
B. Während des Lebenscyclus einer Zelle (d.h. in der Zeit zwischen zwei Zellteilungen) findet im Zellkern eine kontinuierliche DNA-Synthese statt.
C. Bei der DNA-Synthese können in einer Sekunde über 1000 Nucleotide miteinander verknüpft werden.
D. Die DNA des Zellkerns liegt in einem Komplex mit Protein und RNA vor.

E. Die Änderung eines einzigen Basenpaares in einem
   DNA-Molekül von ca. 10^6 Basenpaaren kann für einen
   Organismus letal sein.

5.11	5.1	Fragentyp D

Welche Aussagen über die Richtung des Informationsflusses
sind zutreffend?

1) DNA ⟶ RNA ist irreversibel.
2) RNA ⟶ Protein ist irreversibel.
3) RNA ⟶ RNA ist irreversibel.
4) Protein ⟶ Protein ist unmöglich.

5.12	5.1, 5.4	Fragentyp A_1

Um die Neusynthese von DNA ohne nachträgliche Nuclein-
säurefraktionierung verfolgen zu können, würden Sie
Zellen mit Nucleosiden welcher der nachfolgenden, radio-
aktiv markierten Basen inkubieren?

A. Uracil   D. Thymin
B. Adenin   E. Cytosin
C. Guanin

5.13	5.16		
5.14	5.17		
5.15		5.2	Fragentyp B

Ordnen Sie die unter A - E angegebenen Strukturformeln den in der Liste aufgeführten Nucleinsäurebasen richtig zu:

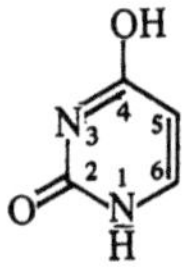

A.

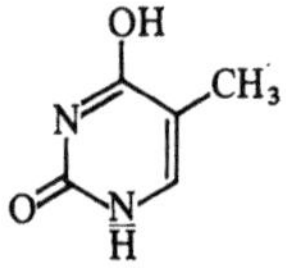

B.

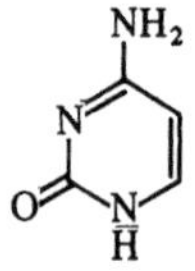

C.

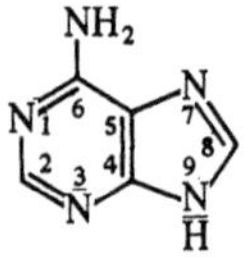

D.

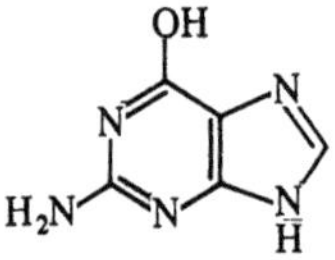

E.

Liste

5.13 Adenin

5.14 Guanin

5.15 Cytosin

5.16 Thymin

5.17 Uracil

5.18	5.2	Fragentyp D

Unter "seltenen Basen" versteht man in der Biochemie

1) Die Nucleotidbausteine der DNA.
2) Die Nucleotidbausteine der mRNA.
3) Biogene Amine.
4) O- bzw. N-alkylierte, C-ribosylierte oder auch sulfatierte Purin- und Pyrimidinnucleotide.

5.19	5.22		
5.20	5.23		
5.21		5.2	Fragentyp B

Ordnen Sie die unter A - E aufgeführten Strukturformeln den in der Liste genannten Verbindungen richtig zu.

A.

B.

C.

D.

E.

Liste

5.19 Adenosintriphosphat (ATP)

5.20 Guanosintriphosphat (GTP)

5.21 Uridintriphosphat (UTP)

5.22 Adenosin-3',5'-monophosphat (Cyclo-AMP)

5.23 3'-Phosphoadenosin-5'-phosphosulfat (PAPS)

5.24   5.2, 5.3   Fragentyp A_1

In welcher der angegebenen senkrechten Spalten sind die Abkürzungen richtig zugeordnet?

	A.	B.	C.	D.	E.
Transaminase	GPT	GPT	TSH	GPT	GPT
Dinucleotid	DNA	NAD	GTP	NAD	NAD
Nucleosidtriphosphat	GTP	GPT	NAD	GTP	DNA
Gewebe	TSH	NNR	GPT	NNR	TSH
Hormone	NNR	TSH	NNR	TSH	NNR
Polynucleotid	NAD	DNA	DNA	DNA	GTP

5.25   5.2, 5.3   Fragentyp C

RNA kann in Organhomogenaten in Anwesenheit von DNA durch Phosphatmessung quantitativ bestimmt werden,

weil

in beiden Nucleinsäuren die Nucleoside durch Phosphorsäurediester verknüpft sind.

5.26   5.2, 5.3   Fragentyp A_1

Nucleinsäuren haben ein Absorptionsmaximum bei 260 nm. Welcher der aufgeführten Stoffe ist für die Absorption verantwortlich?

A. Phosphorsäurereste   D. Histone

B. Ribose   E. Purinbasen

C. Desoxyribose

5.27   5.2   Fragentyp C

$NADH_2$ läßt sich in Anwesenheit von NAD^+ photometrisch bestimmen,

weil

der Adeninanteil bei $\lambda = 260$ nm absorbiert.

5.28   5.2   Fragentyp C

Beim optischen Test mit NAD und NADP wird bei 366 oder 340 nm gemessen,

weil

$NADH_2$ und $NADPH_2$ Licht dieser Wellenlängen absorbieren.

5.29   5.2   Fragentyp A_1

Welcher der nachfolgenden Stoffe ist ein Zwischenprodukt bei der Pyrimidinbiosynthese?

A. Inosin-5'-phosphat   D. Kynurenin
B. Orotsäure   E. Chinolinsäure
C. Shikimisäure

5.30   5.2   Fragentyp A_1

Die Biosynthese der Pyrimidinbasen

A. verläuft über Orotsäure als Zwischenprodukt
B. geht von Ribose-1-phosphat und Asparaginsäure aus
C. benötigt die Bereitstellung labiler Methylgruppen für die Bildung von Cytidylsäure
D. verläuft unter ATP-Gewinn, da als Ausgangsprodukt das energiereiche Carbamylphosphat dient
E. wird durch Puromycin gehemmt

5.31   5.2   Fragentyp A_1

Die Substanz, mit der die Pyrimidinbiosynthese beginnt, ist

A. Carbamylphosphat   D. NADP
B. Thiouracil   E. Ribose-5-phosphat
C. ATP

5.32   5.2   Fragentyp A_1

Inosinsäure ist der biologische Vorläufer von

A. Orotsäure und Uridylsäure
B. Adenylsäure und Guanylsäure
C. Purinen und Pyrimidinen
D. Uracil und Thymin
E. Uridylsäure und Cytidylsäure

5.33   5.2   Fragentyp A_1

Die vier Stickstoffatome des Purinringes stammen von welchen der nachfolgend aufgeführten Stoffe?

A. Ammoniak, Glutamin und Asparaginsäure
B. Asparaginsäure, Glutamin und Glycin
C. Glycin und Asparaginsäure
D. Harnstoff, Ammoniak und Glycin
E. Arginin, Lysin und Glycin

5.34   5.2   Fragentyp A_1

Das Enzym Glutaminphosphoribosylpyrophosphat-Amidotransferase katalysiert welche der nachfolgenden Reaktionen?

A. Purin + 5-Phosphoribosyl-1-pyrophosphat → Purinnucleotid + Pyrophosphat
B. Purin + ATP → Purinnucleotid + Adenin
C. Purin + Ribose-1-phosphat → Purinnucleotid
D. Glutamin + 5-Phosphoribosyl-1-pyrophosphat → 5-Phosphoribosyl-1-amin + Pyrophosphat + Glutamat
E. ATP + Ribose-5-phosphat → 5-Phosphoribosyl-1-pyrophosphat + AMP

5.35   5.2   Fragentyp D

Als Cofaktor bei der Biosynthese der Desoxynucleotide beteiligt ist

1) $NADH_2$
2) $NADPH_2$
3) Thiaminpyrophosphat
4) Thioredoxin-(SH_2)

5.36   5.2   Fragentyp A_1

Der Abbau des Adenosins zum Inosin wird katalysiert durch das Enzym

A. Purinnucleosidphosphorylase
B. Adenosinkinase
C. Adenosinnucleotidase
D. Adenosindesaminase
E. Adenosinhydrolase

5.37   5.2   Fragentyp A_1

Das Endprodukt des Abbaus der Purinbasen beim Menschen ist

A. Allantoin   D. Harnsäure
B. Hypoxanthin   E. Xanthin
C. Harnstoff

5.38   5.2   Fragentyp A_1

Die Bildung von Harnsäure aus Purinen wird katalysiert durch

A. Adenylsäure-Desaminase
B. Uricase
C. Allantoinase
D. Urease
E. Xanthinoxidase

5.39   5.2   Fragentyp A_1

Welche Bedeutung hat die Harnsäure im Stoffwechsel der Säugetierzellen?

A. Aus ihr entsteht Harnstoff.
B. Sie ist das Endprodukt des NH_2-Stoffwechsels aus Aminosäuren.
C. Sie dient der Niere, um wasserunlösliche Stoffe harngängig zu machen.
D. Sie ist das Endprodukt des Purinstoffwechsels.
E. Sie beeinflußt als wichtiger Bestandteil die Viscosität der Synovialflüssigkeit in den Gelenken.

5.40   5.2   Fragentyp D

Welche der nachfolgenden Störungen können zum Krankheitsbild der Gicht führen?

1) Mangel an Xanthinoxidase
2) Verminderte Exkretion von Harnsäure im Tubulusapparat
3) Mangel an Uricase
4) Vermehrte endogene Purinbiosynthese

5.41   5.3   Fragentyp A_1

Die DNA eines Säugetieres enthält 20 Molprozent Guanin. Der Gehalt an Adenin beträgt dann

A. 10 Molprozent
B. 20 Molprozent
C. 30 Molprozent
D. 60 Molprozent
E. 80 Molprozent

5.42   5.3   Fragentyp C

Die DNA liegt als Doppelhelix vor,

weil

ein Codon für eine Aminosäure jeweils aus drei Basen besteht.

5.43 5.3 Fragentyp D

Eine Hybridisierung von Nucleinsäuren erfolgt

1) zwischen zwei komplementären DNA-Strängen
2) zwischen Nucleinsäuren mit langen komplementären Basensequenzen
3) zwischen komplementären DNA- und RNA-Strängen
4) durch Wasserstoffbrückenbindungen zwischen den Nucleinsäuresträngen

5.44 5.3 Fragentyp A_1

Welche der folgenden Aussagen über die RNA-Synthese (Transcription) in eukaryoten Zellen ist richtig?

A. Die RNA-Synthese findet im Cytoplasma statt.
B. Die Transcription kann durch das Antibioticum Puromycin gehemmt werden.
C. Die neusynthetisierte RNA liegt als Doppelhelix vor.
D. Beim Transcriptionsprozess wird tRNA als Cofaktor benötigt.
E. Alle Aussagen sind falsch.

5.45 5.3 Fragentyp D

Welche Verbindungen hemmen direkt oder indirekt die Replikation?

1) Mitomycin
2) Azaserin
3) 5-Fluoruracil
4) Puromycin

5.46 5.3 Fragentyp D

Welche Verbindungen hemmen direkt oder indirekt die Transcription?

1) Actinomycin
2) 5-Fluoruracil
3) Rifamycin (Rifampicin)
4) 6-Mercaptopurin

5.47   5.3   Fragentyp A_3

Welche Antwort ist falsch?
Die Pankreas-Ribonuclease

A. spaltet innerhalb einer RNA-Kette 5'-Phosphatesterbindungen
B. führt zur Bildung von 3',5'-Nucleosidmonophosphaten
C. führt zur intermediären Bildung von Pyrimidinnucleotid-2',3'-monophosphatdiester
D. enthält Disulfid-Brücken
E. ist ein Protein mit 124 Aminosäuren

5.48   5.3   Fragentyp D

Repressormoleküle sind

1) Proteine
2) Produkte der Regulatorgene
3) Regulatoren der Genaktivität
4) durch Induktoren inaktivierbar

5.49   5.3   Fragentyp A_1

Das in den Chromosomen im Zellkern von Säugetierzellen vorkommende basische Protein heißt

A. Histon
B. Heparin
C. Histamin
D. Protamin
E. Gluten

5.50   5.3   Fragentyp D

RNA-Polymerase

1) katalysiert die Translation
2) katalysiert die Transcription
3) arbeitet mit Nucleosiddiphosphaten
4) arbeitet mit Nucleosidtriphosphaten

5.51   5.3   Fragentyp A$_1$

Das Prinzip der Replikation von DNA besteht in der

A. Trennung der beiden DNA-Stränge der Doppelhelix
B. Übertragung des genetischen Codes auf die mRNA
C. Bildung eines haploiden Chromosomensatzes
D. identischen Verdoppelung der DNA-Doppelspirale
E. Teilung der DNA in Basentripletts

5.52   5.3   Fragentyp A$_1$

Als Transcription bezeichnet man

A. die Biosynthese von Proteinen an den Ribosomen
B. die Übertragung der Peptidyl-tRNA von der A-Stelle der Ribosomen auf die P-Stelle
C. die Übertragung genetischer Information durch DNA-Bruchstücke, die von bestimmten Zellen aufgenommen werden
D. die konservative Verdoppelung der DNA
E. die Biosynthese von RNA an der DNA

5.53   5.4   Fragentyp A$_3$

Welche Antwort ist falsch?

A. Bei der Proteinbiosynthese wird der genetische Code übersetzt, der Vorgang wird als Translation bezeichnet.
B. Für die Proteinbiosynthese ist die Komplementarität der Basen des Anticodons der Aminoacyl-tRNA mit dem Codon der mRNA notwendig.
C. Die Proteinbiosynthese erfolgt schrittweise nach dem Prinzip der Kettenverlängerung vom N-terminalen Ende der Peptidketten her.
D. Der Initiatorkomplex bei der Proteinbiosynthese besteht aus GTP, N-Acetylmethionin und drei Proteinfaktoren.
E. Die Synthese des Proteins ist ein energieverbrauchender Prozeß.

5.54   5.4   Fragentyp D

Proteinbiosynthese:

1) bedarf mindestens eines spezifischen aktivierenden Enzyms für jede der verschiedenen einzubauenden Aminosäuren
2) die Aminosäuresequenz wird durch mRNA und tRNA kontrolliert
3) geht am Ribosom vor sich
4) kann durch Induktion gesteigert werden

5.55   5.4   Fragentyp D

Proteinbiosynthese:

1) Die Aminoacyl-tRNA-Synthetasen reagieren jeweils mit verschiedenen Aminosäuren, aber stets nur mit einer tRNA-Species.
2) Die Aminosäure ist am 3'-Ende der tRNA als Säureamid gebunden.
3) Die Proteinbiosynthese beginnt mit der Peptidbindung zwischen dem Aminoende der 1. Aminosäure und dem Carboxylende der 2. Aminosäure.
4) Bei der Knüpfung der 2. Peptidbindung wird der Dipeptidylrest von der 2. tRNA auf die NH_2-Gruppe des Aminoacylrestes der 3. tRNA übertragen.

5.56   5.4   Fragentyp A_3

Welche Aussage über die Proteinbiosynthese ist <u>falsch</u>?

A. An einem Ribosom können pro Minute etwa 1000 Peptidbindungen geknüpft werden.
B. Die Fehlerhäufigkeit (Einbau einer falschen Aminosäure) beträgt weniger als 10^{-6} Peptidbindungen.
C. Das Anticodon der tRNA bindet sich an das Codon in der mRNA.
D. Für die Bildung jeder Peptidbindung (mit Ausnahme der N-terminalen) werden zwei energiereiche Phosphatbindungen gespalten.
E. Alle neusynthetisierten Proteine sind nach der Ablösung vom Ribosom sofort voll funktionsfähig.

5.57 5.4 Fragentyp A_1

Ribosomen sind

A. Lipoprotein-Partikel
B. Träger des genetischen Codes
C. der Ort der Transcription
D. von einer Membran umgebene Partikel
E. Keine dieser Aussagen trifft zu.

5.58 5.4 Fragentyp A_1

Welche der folgenden Aussagen über die Aktivierung von Aminosäuren ist richtig?

A. Für jede der 20 Aminosäuren existiert jeweils nur eine einzelne spezifische Transfer-RNA.
B. Manche Aminoacyl-tRNA-Synthetasen können verschiedene Aminosäuren aktivieren.
C. Die aktivierten Aminosäuren sind mit der terminalen 5'-Hydroxylgruppe der tRNA verknüpft.
D. tRNA besitzt ein Molekulargewicht im Bereich von 500 000 - 600 000.
E. Bei der Aminosäureaktivierung tritt als Zwischenprodukt ein gemischtes Säureanhydrid aus Aminosäure und AMP auf.

5.59 5.4 Fragentyp A_3

Welche Antwort ist <u>falsch</u>?
Die Transfer-Ribonucleinsäure (tRNA)

A. bildet mit Aminosäuren Aminoacyl-tRNA-Verbindungen
B. sorgt für den Transport von Aminosäuren aus dem Extracellulärraum in die Zelle
C. besitzt am 3'-OH-Ende die Basensequenz CCA
D. bindet Aminosäuren esterartig an eine 3'-OH-Gruppe der Ribose
E. besitzt ein als Anticodon bezeichnetes Basentriplett, das bei der Proteinbiosynthese an ein komplementäres Triplett der mRNA angelagert wird

5.60   5.4   Fragentyp C

Die Anheftung der aktivierten Aminosäure an die tRNA wird für alle Aminosäuren durch die gleiche Aminoacyl-tRNA-Synthetase bewirkt,

weil

alle bisher analysierten tRNA-Moleküle eine weitgehend einheitliche Grundstruktur aufweisen.

5.61   5.4   Fragentyp A_3

Welche Antwort ist falsch?
Zur Proteinbiosynthese am Ribosom werden benötigt

A. eine Aminoacyl-tRNA in der Acceptorseite

B. eine mit einer Aminosäure oder einer Peptidkette beladene tRNA in der Donatorseite

C. eine jeweils für eine Aminosäure spezifische Peptidyltransferase

D. Proteinfaktoren

E. GTP

5.62   5.4   Fragentyp A_1

Die Degeneration des genetischen Codes besagt, daß

A. der genetische Code allein nicht die Information für die Reihenfolge der Aminosäuren im Protein bestimmen kann

B. der genetische Code für Eukaryonten und Prokaryonten identisch ist

C. es mehrere Codone für eine Aminosäure geben kann

D. im Codon nur Purin- und Pyrimidinbasen enthalten sind

E. die Basenfolge im Codon durch bestimmte Antibiotica gestört werden kann

5.63   5.4   Fragentyp A$_1$

UCG ist ein Codon für Serin. Welche daraus gefolgerte
Behauptung ist zutreffend?

A. Der übersetzte Strang der DNA, der diesem Codon entspricht, lautet 3'.....C-G-A.....5'.

B. Der übersetzte Strang der DNA, der diesem Codon entspricht, lautet 3'.....A-G-C....5'.

C. UUG ist ein anderes Codon für Serin.

D. Der nicht übersetzte Strang der DNA, der diesem Codon entspricht, lautet 5'.....A-G-C.....3'.

E. Es ist wahrscheinlich, daß GCG, CCG und ACG ebenfalls Codone für Serin sind.

5.64   5.4   Fragentyp A$_1$

Die 4 Basen in der DNA erlauben unter Zugrundelegung
des Basentripletts als Codon folgende Zahl von Codierungsmöglichkeiten:

A. 32
B. 16
C. 64
D. 128
E. Keine der angegebenen Zahlen

5.65   5.4   Fragentyp A$_1$

Der Einbau von Aminosäuren in Proteine ist durch Tripletts
im genetischen Code festgelegt. Für welche der folgenden
Aminosäuren ist im genetischen Code kein Triplett vorhanden?

A. Hydroxyprolin   D. Leucin
B. Phenylalanin   E. Prolin
C. Tryptophan

5.66 5.69
5.67 5.70
5.68   5.4   Fragentyp B

Ordnen Sie den in Liste 1 angegebenen Vorgängen bei
Mikroorganismen die in Liste 2 aufgeführten Verbindungen
richtig zu.

Liste 1

5.66 Hemmung der Transcription

5.67 Hemmung der Translation

5.68 Hemmung der Mureinsynthese

5.69 Hemmung der Folsäuresynthese

5.70 Verminderung der osmotischen Resistenz

Liste 2

A. Lysozym

B. Penicillin

C. Rifampicin

D. Chloramphenicol

E. Sulfonamide

5.71   5.4   Fragentyp A_1

Puromycin wirkt antibiotisch, weil es

A. die Synthese der Zellwand hemmt

B. die Synthese der DNA hemmt

C. die Transcription hemmt

D. die Proteinbiosynthese am Ribosom hemmt

E. die oxidative Phosphorylierung entkoppelt

5.72   5.4   Fragentyp A_1

Die Biosynthese der Proteine wird auf der Stufe Transcription durch welches der folgenden Antibiotica
gehemmt?

A. Penicillin   C. Actinomycin   E. Streptomycin

B. Chloramphenicol   D. Puromycin

5.73　　　　　　　　　5.4　　　　　　　　Fragentyp C

Chloramphenicol wird in der Medizin als Antibioticum
zur Hemmung des Wachstums von pathogenen Mikroorganismen
verwendet,

weil

es die Biosynthese der Purinnucleotide hemmt.

5.74　　　　　　　　　5.5　　　　　　　　Fragentyp A_3

Welche Aussage über Viren ist falsch?

A. Viren sind aus Protein und RNA oder DNA aufgebaut.
B. Die Vermehrung von Viren ist prinzipiell an Synthese-
   leistungen der Wirtszelle gebunden.
C. Die Synthese Virus-spezifischer Proteine in der
   Wirtszelle wird durch die genetische Information der
   Virus-Nucleinsäuren gesteuert.
D. Viren sind aus Protein, Kohlenhydraten sowie RNA und
   DNA aufgebaut.
E. Tierische Viren benutzen für die Synthese ihrer
   Hüllen Teile der Zellmembran der Wirtszelle.

5.75　　　　　　　　　5.5　　　　　　　　Fragentyp C

Energiereiche Strahlen können Tumoren verursachen,

weil

sie somatische Mutationen hervorrufen können.

5.76 5.5 Fragentyp D

Für den Begriff "Punktmutation" trifft zu:

1) Betrifft die Veränderung einer Base der DNA.
2) Kann z.B. durch Hydroxylamin oder Nitrit ausgelöst werden.
3) Ist Ursache der Sichelzellanämie.
4) Führt immer zu einer Deletion einer Base.

5.77 5.80
5.78 5.81
5.79 5.5 Fragentyp B

Ordnen Sie den in Liste 1 angegebenen Molekularkrankheiten die in Liste 2 aufgeführten Defekte richtig zu.

Liste 1

5.77 Gauchersche Krankheit

5.78 Fructose-Intoleranz

5.79 Glykogenspeicherkrankheit (Typ I v. Gierke)

5.80 Phenylketonurie

5.81 Ahornsirup-Krankheit

Liste 2

A. Abbau der verzweigtkettigen Aminosäuren
B. Glucocerebroside
C. Spezifische Hydroxylase
D. Phosphofructaldolase
E. Glucose-6-Phosphatase

5.82 5.5 Fragentyp D

Welche der nachfolgend aufgeführten Noxen können mutagene Wirkung haben?

1) Röntgenstrahlen
2) DNA-intercalierende Pharmaca
3) Cytostatica
4) O_2-Mangel

5.83   5.5   Fragentyp A$_1$

Eine Bestrahlung von Zellen mit ultraviolettem Licht bewirkt in der DNA vorwiegend

A. die Umwandlung von Adenin in Hypoxanthin durch Desaminierung
B. die Umwandlung von Thymin in Uracil durch Demethylierung
C. die Bildung von Thymindimeren
D. die Bildung von kovalenten Bindungen zwischen Guanin und Cytosin
E. die Bildung von kovalenten Bindungen zwischen Adenin und Thymin

5.84   5.5   Fragentyp A$_3$

Welche Aussage über die Gicht (Hyperuricämie) trifft nicht zu?

A. Verminderte renale Harnsäureausscheidung infolge Defektes des tubulären Sekretionsmechanismus.
B. Ablagerung von Uratkristallen in Gelenken.
C. Eine häufige Ursache der primären Hyperuricämie ist ein angeborener Defekt der Xanthin-Oxidase.
D. Gestörte Wiederverwertung von Purinbasen (Rückbildung von Nucleotiden) kann eine Ursache der primären Gicht sein.
E. Vermehrter Umsatz und Untergang von Leukocyten kann eine Ursache einer sekundären Hyperuricämie sein.

6. Kohlenhydrate

6.01	6.04		
6.02	6.05		
6.03		6.1	Fragentyp B

Ordnen Sie den in Liste 1 gegebenen Zuckern die in Liste 2 angeführten Strukturformeln richtig zu.

Liste 1

6.01 D-Glucose   6.03 D-Glucuronsäure   6.05 L-Fucose

6.02 D-Galaktose   6.04 D-Fructose

Liste 2

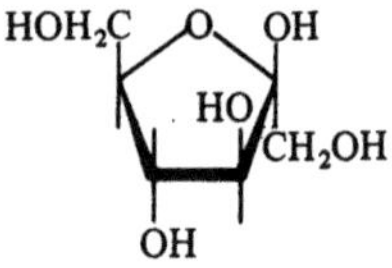

A.

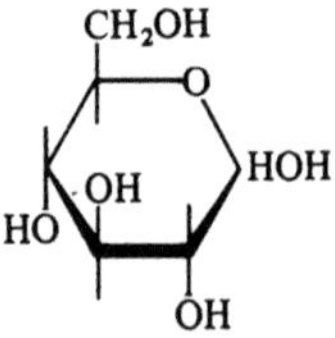

B.

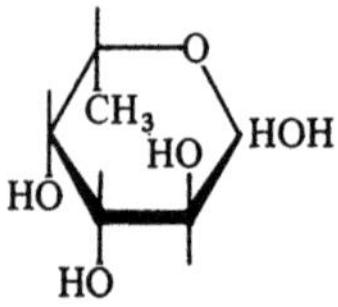

C.

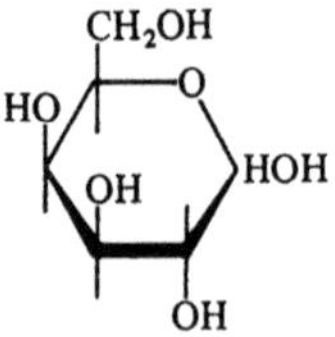

D.

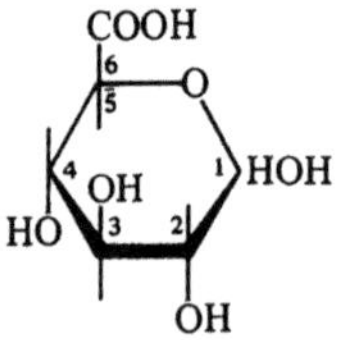

E.

6.06　　　　　　　　6.1　　　　　　　Fragentyp A₁

Die Zugehörigkeit eines Kohlenhydrates zur D- oder
L-Reihe wird bestimmt durch

A. die Drehung des polarisierten Lichtes

B. die Stellung der Hydroxylgruppe an dem der Aldehyd-
   oder Ketogruppe benachbarten C-Atom

C. die Stellung der Hydroxylgruppe an dem der Aldehyd-
   oder Ketogruppe entferntesten asymmetrischen C-Atom

D. die Mutarotation

E. die Fähigkeit zur Osazonbildung

6.07　　　　　　　　6.1　　　　　　　Fragentyp D

Für die Spiegelbildisomerie bei Monosachariden (Enan-
tiomerie) trifft zu, daß

1) sie nur bei asymmetrischen Molekülen auftritt

2) die isomeren Formen einer Verbindung unterschiedlichen
   optischen Drehsinn haben

3) zu dieser Isomerieform auch die D- und L-Konfigura-
   tionen gehören

4) das Vorhandensein der Chiralität eine Voraussetzung
   dafür ist

6.08　　　　　　　　6.1　　　　　　　Fragentyp A₁

Welche der nachfolgenden Verbindungen gibt keine positive
Reaktion mit Fehlingschem Reagenz?

A. Ascorbinsäure　　　　D. Galaktose

B. Amylose　　　　　　　E. Ribose

C. Maltose

6.09　　　　　　　　　6.1　　　　　　　　Fragentyp A₁

Für das Molekül Glucose trifft zu:

A. Es besitzt eine reaktionsfähige Carboxylgruppe.
B. Die α-glykosidische (α-acetalische) Hydroxylgruppe befindet sich am Kohlenstoffatom 5.
C. Es wird durch die Glucoseoxidase zu Glucuronsäure oxidiert.
D. Die anomeren α- und β-Formen der Glucose haben eine unterschiedliche optische Drehung.
E. Mit Hexokinase und ATP entsteht Glucose-1-phosphat.

6.10　　　　　　　　　6.1　　　　　　　　　Fragentyp D

Die glykosidische (acetalische) Hydroxylgruppe der Aldohexosen kann nachfolgende Reaktionen eingehen:

1) Bildung acetalischer Ester
2) Oxidation zur Hexonsäure
3) Bildung von N-Glykosiden
4) Oxidation zur Hexuronsäure

6.11　6.14
6.12　6.15
6.13　　　　　　　　　6.1　　　　　　　　　Fragentyp B

Ordnen Sie den in Liste 1 genannten Di- bzw. Polysacchariden die in Liste 2 aufgeführten Sequenzen richtig zu.

Liste 1　　　　　　　Liste 2

6.11 Saccharose　　　A. Gal-β-(1-4)-Glc

6.12 Glykogen　　　　B. Glc-α-(1-2)-β-Fru

6.13 Lactose　　　　 C. ...4)-Glc-α-(1-4)-Glc-
　　　　　　　　　　　 　 -α-(1-4)-Glc-α...
6.14 Amylose
　　　　　　　　　　　　　　Glc
6.15 Isomaltose　　　D. Gcl-α-(1-6)-Glc

　　　　　　　　　　　 E. ...4)-Glc-α-(1-4)-Glc-
　　　　　　　　　　　 　　　　　　-α-(1-6)—┐
　　　　　　　　　　 ...4)-Glc-α-(1-4)-Glc- │
　　　　　　　　　　　 　　　　　　-α-(1-4)-Glc-
　　　　　　　　　　　 -α-(1-4)-Glc...

6.16 6.1 Fragentyp A$_1$

Welche Aussage über die L-Fucose trifft zu?

A. L-Fucose findet sich in großen Mengen in den Polysacchariden von Meeresalgen.
B. Die Blutgruppensubstanzen des Menschen enthalten u.a. L-Fucose in den determinanten Gruppen.
C. L-Fucose ist eine 6-Desoxyhexose.
D. In der Milch finden sich verschiedene Oligosaccharide, die Fucose enthalten.
E. Alle Angaben sind richtig.

6.17 6.1 Fragentyp A$_3$

Welche Aussage über das Disaccharid Lactose ist *falsch*?

A. Lactose besteht aus Glucose und Galaktose, die durch eine β-glykosidische Bindung miteinander verknüpft sind.
B. Die Biosynthese der Lactose erfolgt im tierischen Organismus nur in der Leber.
C. Die Spaltung der Lactose im menschlichen Magen-Darm-Kanal erfolgt an der Oberfläche der Mucosazellen des Dünndarms.
D. Ein Mangel an lactosespaltenden Enzymen im Darm führt zu einer Milchunverträglichkeit.
E. Für die Biosynthese der Lactose ist UDP-Galaktose als Galaktosyl-Donator erforderlich.

6.18 6.1 Fragentyp D

Als Zuckeraustauschstoffe für Diabetiker sind geeignet:

1) Lactose
2) Xylit
3) Maltose
4) Sorbit

6.19   6.1   Fragentyp A_1

Welche der nachfolgenden Verbindungen wird durch α-Amylase nicht gespalten?

A. Amylose
B. Amylopectin
C. Maltose
D. Glykogen
E. Stärke

6.20   6.1   Fragentyp C

Das Endprodukt der Stärkespaltung durch α-Amylase ist Glucose,

weil

α-Amylase das Substratmolekül von den nicht reduzierenden Enden her angreift.

6.21   6.1   Fragentyp A_1

Glucose wurde photometrisch in enteiweißtem Blut mittels Hexokinase und Glucose-6-phosphat-Dehydrogenase bestimmt (λ = 334 nm). Verdünnung bei der Enteiweißung 1 + 4.
Ansatz: 0,1 ml enteiweißtes Blut,
 0,88 ml Puffer-Cosubstrat-Lösung,
 0,02 ml Enzymsuspension.
ε_{334} = 6,0 $l \cdot mmol^{-1} \cdot cm^{-1}$; Meßdaten: E_{334} = 0,6; d = 1 cm.
Wie hoch ist die Glucosekonzentration in mmol/l Blut?

A. 1
B. 2
C. 4
D. 5
E. 10

6.22   6.1   Fragentyp C

Glucose und Galaktose lassen sich durch Verteilungschromatographie trennen,

weil

die sterische Anordnung der OH-Gruppen in den Molekülen unterschiedlich ist.

6.23 6.1 Fragentyp A_3

Welche Antwort ist falsch?
Bei der Untersuchung eines Harns war die Reduktionsprobe positiv, dagegen fiel der Glucosenachweis mit Hilfe der Glucoseoxidase-Methode negativ aus. Bei der durch die Reduktionsprobe nachgewiesenen Substanz kann es sich handeln um

A. Ascorbinsäure   D. Galaktose

B. L-Xylulose   E. Saccharose

C. Milchzucker

6.24 6.1 Fragentyp D

Mit Hexokinase und Glucose-6-phosphat-Dehydrogenase lassen sich bei Verwendung geeigneter Substrate und/oder Cosubstrate welche der nachfolgenden Verbindungen quantitativ bestimmen?

1) Glucose

2) Fructose

3) Adenosintriphosphat

4) Glucose-1-phosphat

6.25 6.1 Fragentyp C

Glucose läßt sich im optischen Test quantitativ bestimmen,

weil

das Reaktionsprodukt der Hexokinasereaktion Substrat einer NADP-abhängigen enzymatischen Reaktion ist.

6.26 6.1 Fragentyp C

Saccharose läßt sich durch β-Fructofuranosidase spalten,

weil

sie ein nicht-reduzierendes Disaccharid ist.

6.27 6.1 Fragentyp D

An freier Glucose können folgende enzymatische Reaktionen zu Veränderungen führen:

1) Hydrierung
2) Transaminierung
3) Oxidation
4) Epimerisierung

6.28 6.1 Fragentyp A_1

In welcher der angegebenen senkrechten Spalten A. - E. sind die Stoffwechselveränderungen im Hungerzustand zutreffend beschrieben?
(Erklärung: ↑=erhöht, ↓=erniedrigt, O=unbeeinflußt)

	A.	B.	C.	D.	E.
Fettverbrennung	↑	↑	↑	O	↑
Glucoseverbrennung	O	O	↓	↓	↓
Glykogengehalt des Organismus	O	↓	↓	O	↓
Ketonkörperbildung	↑	↑	↑	↑	↑
Gluconeogenese	O	↑	↑	↑	↑
Ketonkörperverbrennung	O	↓	O	↑	↑

6.29 6.1 Fragentyp D

Die Acetylgruppe von Acetyl-CoA kann aus welchen Ausgangssubstanzen gebildet werden?

1) Glykogen
2) Fettsäuren
3) Aminosäuren
4) Pyruvat

6.30 6.1 Fragentyp A_1

Wieviel Glucose findet sich normalerweise im gesamten Blut eines Menschen?

A. 200 mg
B. 1 g
C. 5 g
D. 12 g
E. 24 g

6.31	6.1	Fragentyp C

D-Fructose läßt sich im optischen Test quantitativ bestimmen,

weil

das Reaktionsprodukt der Hexokinasereaktion in ein Substrat einer NADP-abhängigen enzymatischen Reaktion übergeführt werden kann.

6.32 6.35		
6.33 6.36		
6.34	6.1	Fragentyp B

Von den in Liste 1 aufgeführten Systemen ist jeweils dasjenige auszuwählen, das im optischen Test eine spezifische Bestimmung der in Liste 2 genannten Sequenzen ermöglicht.

Liste 1

6.32 Lactatdehydrogenase, NAD^+, Hydrazin, Puffer pH 9

6.33 Glycerokinase, Glycerin-phosphat-Dehydrogenase, NAD^+, ATP, Hydrazin, Puffer pH 9

6.34 Hexokinase, Glucose-6-phosphat-Dehydrogenase, $NADP^+$, ATP

6.35 Hexokinase, Glucose-6-phosphat-Dehydrogenase, Phosphoglucose-Isomerase, ATP, $NADP^+$

6.36 Hexokinase, Glucose-6-phosphat-Dehydrogenase, $NADP^+$, Glucose

Liste 2

A. ATP
B. Glucose
C. Lactat
D. Fructose
E. Glycerin

6.37	6.1	Fragentyp D

Die Reaktion Acetaldehyd → Äthanol

1) ist eine Oxidation
2) ist gekoppelt mit der Reaktion $NADH + H^+ \rightarrow NAD^+$
3) setzt bei der Gärung Wasserstoff frei, aus dessen Volumen der Glucoseverbrauch berechnet werden kann
4) wird durch das Enzym Alkoholdehydrogenase katalysiert

6.38	6.1	Fragentyp D

Welche Aussagen sind richtig?
Im gekoppelten optischen Test zur Bestimmung von Glucose muß

1) die Indikatorreaktion praktisch irreversibel sein
2) die Hilfsreaktion nicht irreversibel sein
3) Cosubstrat im Überschuß vorhanden sein
4) bei der Enzymzugabe der Verbrauch an Enzym durch die Reaktion berücksichtigt werden

6.39	6.1	Fragentyp D

Mit Hexokinase und Glucose-6-phosphat-Dehydrogenase lassen sich bei Verwendung geeigneter Substrate und Cosubstrate welche der nachfolgenden Verbindungen quantitativ bestimmen?

1) $NADPH_2$
2) ATP
3) NAD
4) Glucose

6.40	6.2	Fragentyp C

Die Bestimmung von Glucose mit Hilfe von Hexokinase und Glucose-6-phosphat-Dehydrogenase ist spezifisch

weil

Hexokinase nur Glucose phosphoryliert.

6.41	6.2	Fragentyp C

Im optisch-enzymatischen Test können Pyruvat und Lactat in getrennten Ansätzen bestimmt werden,

weil

beide Verbindungen Substrate der Lactat-Dehydrogenase sind.

6.42	6.2	Fragentyp A_1

Glucoseoxidase

A. ist das erste Enzym der Glykolyse
B. oxidiert Glucose zu Gluconolacton mit Hilfe von FAD und Sauerstoff
C. oxidiert Glucose zu Gluconolacton mit NAD^+ als Cofaktor
D. dient zur direkten Bestimmung von Glucose-6-phosphat im Blut
E. oxidiert Fructose und Glucose mit der gleichen Geschwindigkeit

6.43 6.46		
6.44 6.47		
6.45	6.2	Fragentyp B

Ordnen Sie den in Liste 1 angegebenen Stoffwechselwegen die in Liste 2 durch ihre Strukturformeln charakterisierten Verbindungen (Metaboliten) richtig zu.

Liste 1

6.43 Fettsäure-Synthese
6.44 Citratcyclus
6.45 Pyrimidin-Biosynthese
6.46 Porphyrin-Biosynthese
6.47 Glykolyse

Liste 2

A. $COOH-CH_2-CH_2-\overset{O}{\overset{\|}{C}}-CH_2-NH_2$

B. $COOH-CH_2-\overset{O}{\overset{\|}{C}}-S(CoA)$

C. $COOH-CH_2-\underset{OH}{\overset{COOH}{\overset{|}{C}}}-CH_2-COOH$

D. $CH_2OH-\overset{O}{\overset{\|}{C}}-H_2C-O-\text{\textcircled{P}}$

E. $NH_2-\overset{O}{\overset{\|}{C}}-O-\text{\textcircled{P}}$

6.48   6.2   Fragentyp A$_1$

Im tierischen Organismus können Kohlenhydrate nicht aus Fettsäuren gebildet werden,

A. weil die Reaktionen des Citratcyclus nicht reversibel sind
B. da keine Nettosynthese von Pyruvat aus Acetyl-CoA möglich ist
C. weil es im tierischen Organismus keinen anabolen Stoffwechselweg für die Glucose gibt
D. weil die Phosphofructokinase durch Acetyl-CoA allosterisch gehemmt wird
E. weil die Fettsäuren nur zur Energiegewinnung abgebaut werden

6.49   6.2   Fragentyp D

Glucokinase unterscheidet sich von Hexokinase durch welche Eigenschaften?

1) Höhere K_m für Glucose.
2) Niedere K_m für Glucose.
3) Ihre Biosynthese wird von Insulin gefördert.
4) Ihre Biosynthese wird von Insulin gehemmt.

6.50   6.2   Fragentyp D

Welche der folgenden Enzyme sind an der Glykolyse beteiligt?

1) Phosphoenolpyruvat-Carboxykinase
2) Enolase
3) Glucose-6-Phosphatase
4) Pyruvatkinase

6.51   6.2   Fragentyp D

Phosphoenolpyruvat

1) entsteht aus Oxalacetat und GTP unter CO_2-Abspaltung
2) wird als Substrat zur enzymatischen Synthese von N-Acetylneuraminsäure-9-P benötigt
3) entsteht aus 2-Phosphoglycerat durch Abspaltung von Wasser
4) entsteht bei der Glykolyse mittels einer Hydrolase

6.52   6.2   Fragentyp D

Eine Substratkettenphosphorylierung erfolgt im Verlauf des Übergangs von

1) Glycerinaldehyd-3-phosphat zu 3-Phosphoglycerat
2) Fructose-6-phosphat zu Fructose-1,6-bisphosphat
3) Succinyl-CoA zu Succinat
4) $NADH_2$ nach $FADH_2$

6.53   6.2   Fragentyp C

Dihydroxyaceton-phosphat und Glycerinaldehyd-3-phosphat können biologisch in einander umgewandelt werden,

weil

die Wirkung des Enzyms Triosephosphat-Isomerase reversibel ist.

6.54   6.2   Fragentyp C

Fructose-1,6-bisphosphat kann im Gewebe zu Triosephosphaten umgewandelt werden,

weil

die meisten Gewebe Transaldolase enthalten.

6.55   6.2   Fragentyp A_1

Welches der folgenden Enzyme ist nur bei der Glykolyse und nicht bei der Gluconeogenese wirksam?

A. Phosphoglucose-Isomerase
B. Phosphoglycerat-Mutase
C. Glycerinaldehyd-3-phosphat-Dehydrogenase
D. Phosphofructokinase
E. Enolase

6.56   6.2   Fragentyp A_1

Das Enzym, das die folgende Reaktion katalysiert,
Fructose-6-phosphat + ATP → Fructose-1,6-bisphosphat + ADP
nennt man:

A. Hexokinase   D. Phosphofructokinase
B. β-D-Fructosidase   E. Phosphorylase
C. Aldolase

6.57   6.2   Fragentyp C

Kinase-Reaktionen, die unter Verwendung von ATP zur Bildung von Phosphatestern führen, sind exergon,

weil

das Phosphat-Gruppenübertragungspotential von Phosphatestern niedriger ist als von Phosphorsäureanhydrid-Bindungen.

6.58   6.2   Fragentyp A_1

Das im Embden-Meyerhof-Weg entstehende $NADH_2$ wird in Gegenwart von Sauerstoff in der Atmungskette wieder zu NAD regeneriert. Was geschieht bei Abwesenheit von Sauerstoff?

A. Der Wasserstoff des $NADH_2$ wird auf NADP übertragen.

B. Es wird Pyruvat in Malat übergeführt.
C. Der Wasserstoff des $NADH_2$ wird zum Fettabbau verwendet.
D. $NADH_2$ wird solange gespeichert, bis wieder aerobe Bedingungen herrschen.
E. Alle Antworten sind falsch.

6.59   6.2   Fragentyp D

Eine Substratkettenphosphorylierung

1) findet bei der Glycolyse statt
2) liefert Nucleosidtriphosphate
3) wird z.B. durch Succinat-Thiokinase katalysiert
4) findet in der Atmungskette statt

6.60   6.2   Fragentyp D

Welche Behauptungen über die anaerobe Glykolyse im Muskel sind zutreffend?

1) Milchsäure ist eines der Endprodukte.
2) Dabei wird Kohlendioxid freigesetzt.
3) NAD und $NADH_2$ sind Coenzyme.
4) Fructose-1,6-Bisphosphatase ist eines der Enzyme der Glykolyse.

6.61   6.2   Fragentyp A_1

2,3-Bisphosphoglycerat ist ein wichtiger Effector für die Steuerung der O_2-Affinität des Hämoglobins. Geben Sie an, aus welchem Metaboliten es gebildet wird.

A. Glycerinaldehyd   D. Glycerinaldehyd-3-phosphat
B. Glycerin-3-phosphat   E. 2-Phosphoglycerat
C. 1,3-Bisphosphoglycerat

6.62   6.2   Fragentyp D

Welche der Aussagen über den Abbau von Glucose über den Embden-Meyerhof-Weg sind richtig?

1) Im Erythrocyten wird 1 Mol Glucose zu 2 Mol Milchsäure abgebaut.
2) Die Bildung von ATP aus ADP und anorganischem Phosphat erfolgt in der Pyruvatkinasereaktion.
3) Die meisten Zwischenprodukte sind Phosphorsäureester, die die Zelle nicht verlassen können.
4) Das bei der Glucose-6-phosphat-Dehydrogenase-Reaktion gebildete $NADPH_2$ wird in der Lactat-Dehydrogenase-Reaktion zu NAD^+ regeneriert.

6.63   6.2   Fragentyp A_1

Nach Aufnahme in die Zellen wird Glucose sofort in Glucose-6-phosphat verwandelt. Diese Umwandlung ist für den Zellstoffwechsel wichtig,

A. weil freie Glucose ein Hemmer der oxidativen Phosphorylierung ist
B. weil das Glucose-6-phosphat die Zelle nicht mehr verlassen kann
C. weil die Zelle mit dieser Reaktion ein energiereiches Phosphat erhält
D. weil Glucose-6-phosphat die Fructose-1,6-bisphosphat-Aldolase stimuliert
E. weil freie Glucose die Glykogensynthese hemmt

6.64   6.2   Fragentyp A_1

Welches der nachfolgenden Enzyme katalysiert die einzige Oxidationsreaktion bei der Glykolyse?

A. Pyruvatkinase
B. Aldolase
C. Glucose-6-phosphat-Dehydrogenase
D. Glycerinaldehyd-3-phosphat-Dehydrogenase
E. Glycerin-3-phosphat-Dehydrogenase

6.65　　　　　　　　6.2, 6.6　　　　　　Fragentyp C

Nach Adrenalinausschüttung steigt der Blutglucosespiegel an,

weil

Muskelglykogen mobilisiert wird.

6.66　　　　　　　　6.2　　　　　　　　Fragentyp A_1

Die Umwandlung von Glucose-6-phosphat zu Fructose-1,6-bisphosphat wird katalysiert durch die Enzyme:

A. Phosphoglucomutase und Phosphorylase
B. Phosphoglucomutase und Aldolase
C. Phosphoglucose-Isomerase und Phosphofructokinase
D. Phosphohexose-Isomerase und Aldolase
E. Glucose-6-phosphatase und eine spezifische Pyrophosphorylase

6.67　　　　　　　　6.2　　　　　　　　Fragentyp D

Die freie Carboxylgruppe $-C\begin{smallmatrix}=O\\ O^{\ominus}\end{smallmatrix}$ kommt in welchen der nachfolgenden Verbindungen vor?

1) 1,3-Bisphosphoglycerat 3) Ascorbinsäure
2) Glucuronide　　　　　　 4) Phosphoenolbrenztraubensäure

6.68   6.2   Fragentyp A_1

Die anaerobe Glykolyse

A. ist in ihrer Geschwindigkeit vom intracellulären ATP/ADP-Quotienten unabhängig
B. kommt zum Stillstand, wenn der Pentose-phosphat-Cyclus kein $NADPH_2$ bildet
C. ist im tierischen Organismus auf wenige Gewebe (z.B. Retinagewebe, Erythrocyten, Knorpelgewebe) beschränkt
D. ist ein energieliefernder Prozeß, der pro Mol metabolisierte Glucose 2 Mol ATP liefert
E. wird durch einen strukturgebundenen Multienzymkomplex der Mikrosomen katalysiert

6.69   6.2   Fragentyp A_1

Unter aerober Glykolyse versteht man

A. den Abbau von Glucose zu CO_2 und H_2O in Gegenwart von O_2
B. den Abbau von Glucose über den Pentosephosphatcyclus in Gegenwart von O_2
C. die Bildung von Lactat aus Glucose in Gegenwart von O_2
D. den Aufbau von Glykogen in Gegenwart von O_2
E. die Speicherung von Glykogen in der Leber in Gegenwart von O_2

6.70   6.2   Fragentyp A_1

Reife Erythrocyten besitzen keine Mitochondrien. Wie erzeugen sie das für den Stoffwechsel notwendige ATP?

A. Bei ihnen läuft die Atmungskette mit oxidativer Phosphorylierung in den Zellmembranen ab.
B. Sie brauchen kein ATP, da sie keinen Stoffwechsel besitzen.
C. Sie gewinnen das ATP im Aminosäurestoffwechsel.
D. Sie benutzen das beim Abbau von Glucose zu Lactat gewonnene ATP.
E. Sie besitzen eine verkürzte Atmungskette im endoplasmatischen Reticulum.

6.71   6.2   Fragentyp A$_1$

Welche der angegebenen Enzympaare der Glykolyse katalysieren eine "Substratkettenphosphorylierung"?

A. Phosphofructokinase und Pyruvatkinase
B. Glycerinaldehydphosphatdehydrogenase und Phosphofructokinase
C. Pyruvatkinase und Phosphoglyceratkinase
D. Phosphoglyceratkinase und Phosphofructokinase
E. Pyruvatkinase und Phosphoglyceratmutase

6.72   6.2   Fragentyp A$_3$

Welche Antwort ist _falsch_?
Von welcher der nachfolgenden Verbindungen kann eine Phosphatgruppe auf ADP unter Ausbildung von ATP übertragen werden?

A. Guanosintriphosphat   D. Kreatinphosphat
B. Glucose-1-phosphat   E. Phosphoenolpyruvat
C. 1,3-Bisphosphoglycerat

6.73   6.2   Fragentyp D

Die Substratkettenphosphorylierung

1) ist die Umkehr der ATPase-Reaktion
2) wird katalysiert durch die Succinat-Thiokinase
3) kommt nur im Embden-Meyerhof-Weg vor
4) liefert Nucleosidtriphosphat

6.74–6.78 Fragentyp B

Bei der Synthese von ATP durch Substratkettenphosphorylierung durchläuft ein Molekül die in Liste 2 angegebenen Strukturen. Ordnen Sie den in Liste 1 angegebenen Ziffern 1–5 die in Liste 2 angeführten Strukturen in der richtigen Reihenfolge zu.

Liste 1:
- 6.74 1
- 6.75 2
- 6.76 3
- 6.77 4
- 6.78 5

Liste 2:
- A. 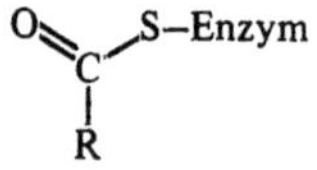 R–C(=O)–S–Enzym
- B. R–C(=O)–OH
- C. R–C(=O)–H
- D. 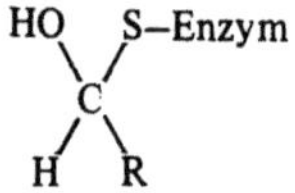 R–CH(OH)–S–Enzym
- E. 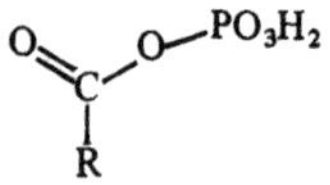 R–C(=O)–O–PO$_3$H$_2$

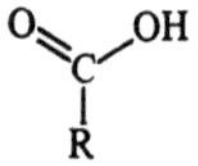

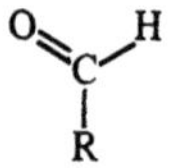

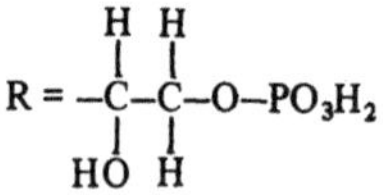

mit R = –CH(OH)–CH$_2$–O–PO$_3$H$_2$

6.79 Fragentyp A$_1$

Welche der angegebenen "energiereichen" Verbindungen wird beim Säugetier zur Substratkettenphosphorylierung von GDP zu GTP verwendet?

A. Carbamylphosphat
B. Malonyl-CoA
C. Succinyl-CoA
D. Formyltetrahydrofolat
E. Phosphoenolpyruvat

6.80	6.2	Fragentyp D

Die Bildung von Lactat im Muskel

1) liefert unter Sauerstoffmangel das zur Kontraktion notwendige ATP
2) kann auch durch die Mobilisation von Muskelglykogen durch Adrenalin erfolgen
3) dient unter anaeroben Bedingungen der Oxidation des bei der Bildung von 1,3-Bisphosphoglycerinsäure entstehenden $NADH_2$
4) ist am aeroben Glucoseabbau maßgebend beteiligt

6.81	6.2	Fragentyp C

Im optischen Test wird bei der Wellenlänge 366 oder 340 nm gemessen,

weil

in diesem Bereich das Absorptionsmaximum des Adeninanteils von $NADH_2$ und $NADPH_2$ liegt.

6.82	6.2	Fragentyp D

Das reduzierte Pyridin-Nucleotid $NADH_2$

1) ist notwendig für die Fettsäure-Synthese
2) hat ein Absorptions-Maximum bei der Wellenlänge 340 nm
3) wird gebildet, wenn Pyruvat während der anaeroben Glykolyse in Lactat überführt wird
4) wird bei der Gluconeogenese in der Leber benötigt

6.83 6.2 Fragentyp A_1

Warum bildet die tierische Zelle in Abwesenheit von Sauerstoff Lactat?

A. Weil in dieser Stoffwechselsituation Lactat als Ausgangsstoff der Gluconeogenese benötigt wird.
B. Weil sonst der Coricyclus nicht ablaufen kann.
C. Weil sich Pyruvat nicht anhäufen darf, da es als α-Ketosäure ein Zellgift ist.
D. Weil NAD regeneriert werden muß.
E. Weil Lactat als Brennstoff für die Herzmuskulatur benötigt wird.

6.84 6.2 Fragentyp A_1

Der bei verschiedenen Reduktionsreaktionen im Cytoplasma in Form von Reduktionsäquivalenten gewonnene Wasserstoff muß in die Mitochondrien gelangen, um dort über die Atmungskette oxidiert zu werden. Dieser Transport geschieht unter anderem durch

A. Diffusion von $NADH_2$ in die Mitochondrien
B. Reduktion von Oxalacetat zu Malat im Cytoplasma, Transport des Malats in die Mitochondrien und anschließende Reoxidation zu Oxalacetat
C. Cytoplasmatische Reduktion von α-Ketoglutarat zu Isocitrat, das in die Mitochondrien transportiert und dort oxidiert werden kann
D. Reduktive Aminierung von Oxalacetat zu Aspartat im Cytoplasma, Transport von Aspartat in die Mitochondrien, in denen es wieder desaminiert wird
E. Durch keine der genannten Mechanismen

6.85 6.2 Fragentyp A_1

Die Hemmung der Glykolyse beim Übergang von anaeroben auf aerobe Bedingungen ist bekannt als

A. glykolytischer Effekt
B. Pasteur-Effekt
C. Crabtree-Effekt
D. Gluconeogenese
E. Bohr-Effekt

6.86   6.2   Fragentyp C

Das Endprodukt der Stärkespaltung durch α-Amylase ist Glucose,

weil

α-Amylase das Substratmolekül von den nicht reduzierenden Enden her angreift.

6.87   6.3   Fragentyp D

Die oxidative Decarboxylierung von Pyruvat erfordert

1) NADP
2) Liponsäure
3) Acetyl-CoA
4) Thiaminpyrophosphat

6.88   6.3   Fragentyp A_1

Für die oxidative Decarboxylierung von Pyruvat wird welches der angegebenen Coenzyme benötigt?

A. Coenzym A   D. Pyridoxalphosphat
B. NADP   E. Biotin
C. Coenzym F

6.89   6.3   Fragentyp D

Für die Liponsäure trifft zu:

1) Sie stellt ein Redoxsystem dar.
2) Unmittelbarer Wasserstoffacceptor für die Rückoxidation zur Disulfidform ist NAD.
3) Sie trägt intermediär als Coenzym Acylgruppen in Thioesterbindung.
4) Acceptor für den Acylrest ist Cholin.

6.90   6.3   Fragentyp D

Die Aktivitäten der Pyruvat-Dehydrogenase und der Glykogensynthetase verhalten sich in der Leber

1) umgekehrt proportional, da C_3-Körper eingespart werden müssen, wenn Glykogen gebildet wird
2) proportional, da Insulin indirekt die Aktivität beider Enzyme fördert
3) proportional, da beide Enzyme in der phosphorylierten Form aktiv sind
4) proportional, da die Polymerisierung von Glucose und der Abbau von Pyruvat Schlüsselreaktionen bei der Bildung von Energiespeichern sind

6.91   6.3   Fragentyp A_1

Welcher der aufgeführten Cofaktoren ist an der oxidativen Decarboxylierung von α-Ketosäuren nicht beteiligt?

A. Pyridoxalphosphat   D. NAD
B. Coenzym A   E. Lipoat
C. Thiaminpyrophosphat

6.92   6.3   Fragentyp D

Die Aktivität der Pyruvat-Dehydrogenase nimmt zu bei

1) der Phosphorylierung des Enzyms
2) hohem ATP/Magnesium-Spiegel in der Zelle
3) langem Fasten
4) vermehrter Insulinsekretion

6.93   6.4   Fragentyp A_1

Die Umwandlung von Alanin in Glucose wird bezeichnet als

A. Glykolyse
B. oxidative Decarboxylierung

C. spezifisch dynamische Wirkung
D. Gluconeogenese
E. Glykogenolyse

6.94 6.4 Fragentyp D

Welche der folgenden Enzyme sind an der Gluconeogenese beteiligt?

1) Pyruvatkinase
2) Pyruvatcarboxylase
3) Phosphofructokinase
4) Phosphoenolpyruvatcarboxykinase

6.95 6.4 Fragentyp D

Zur Synthese von Glucose aus Lactat werden benötigt:

1) $NADPH_2$
2) Carboxybiotin
3) 4 Mol energiereiches P/Mol Glucose
4) 6 Mol energiereiches P/Mol Glucose

6.96
6.97
6.98   6.4   Fragentyp B

Ordnen Sie den in Liste 1 gemachten Aussagen die Effectoren aus Liste 2 entsprechend ihrer spezifischen Wirkung richtig zu

Liste 1

6.96 Aktiviert Pyruvatcarboxylase
6.97 Hemmt den Pyruvatdehydrogenase-Komplex
6.98 Hemmt Fructose-1,6-bisphosphatase

Liste 2

A. ATP   D. Citrat
B. Acetyl-CoA   E. AMP
C. Oxalacetat

6.99   6.4   Fragentyp A_1

Welche der folgenden Reaktionen der Gluconeogenese ist aus energetischen Gründen in der Zelle praktisch irreversibel? Umsetzung von

A. Phosphoenolpyruvat zu 2-Phosphoglycerat
B. 3-Phosphoglycerat zu 1,3-Bisphosphoglycerat
C. 3-Phosphoglycerinaldehyd zu Dihydroxyacetonphosphat
D. 3-Phosphoglycerinaldehyd + Dihydroxyacetonphosphat zu Fructose-1,6-bisphosphat
E. Fructose-1,6-bisphosphat zu Fructose-6-phosphat

6.100   6.4   Fragentyp A_1

Als Ausgangsreaktion für die Gluconeogenese aus Pyruvat ist die Bildung von Phosphoenolpyruvat (PEP) anzusehen. Diese Bildung läuft in der Leber vorwiegend nach welchem Schema ab?

A. Pyruvat + ATP → PEP + ADP
B. 1. Pyruvat + CO_2 + $NADPH_2$ → Malat + NADP
   2. Malat + ATP → PEP + ADP + CO_2

C. 1. Pyruvat + ATP + CO_2 → Oxalacetat + ADP
    2. Oxalacetat + GTP → PEP + GDP + CO_2

D. 1. Pyruvat + $NADH_2$ → Lactat + NAD
    2. Lactat + ATP → PEP + ADP

E. 1. Pyruvat + CoA + NAD → Acetyl-CoA + $NADH_2$
    2. Acetyl-CoA + CO_2 + ITP → PEP + IDP + CoA

6.101   6.4   Fragentyp A_1

Als Gluconeogenese bezeichnet man die Neubildung von Kohlenhydraten

A. aus Glutaminsäure

B. aus Protein

C. aus Milchsäure

D. aus Alanin

E. Alle Antworten sind richtig

6.102   6.4   Fragentyp A_1

Welches ist die funktionell richtige Reihenfolge der an der Gluconeogenese aus Alanin beteiligten Enzyme?

a. PEP-Carboxykinase (cytoplasmatisch)

b. Malat-Dehydrogenase (cytoplasmatisch)

c. Malat-Dehydrogenase (mitochondrial)

d. Glutamat-Pyruvat-Transaminase (cytoplasmatisch)

e. Pyruvat-Carboxylase (mitochrondrial)

A. d b c a e   D. d a e c b
B. a c d e b   E. d e c b a
C. b a c e d

6.103   6.4   Fragentyp A$_1$

Welches der angegebenen Enzyme wird durch Acetyl-CoA aktiviert?

A. Phosphofructokinase

B. Fructose-1,6-bisphosphatase

C. Pyruvat-Dehydrogenase

D. Pyruvat-Carboxylase

E. Pyruvat-Kinase

6.104   6.107
6.105   6.108
6.106   6.5   Fragentyp B

Ordnen Sie den in Liste 1 genannten Funktionen die unter Liste 2 gegebenen Enzyme richtig zu:

Liste 1

6.104 Überträgt die C-Atome 1 + 2 eines Ketosephosphates auf das C-1 eines Aldosephosphates

6.105 Katalysiert die wechselseitige Umlagerung von Ketopentosen und Aldopentosen

6.106 Führt zur Bildung von NADPH

6.107 Überträgt die C-Atome 1 - 3 eines Ketosephosphates auf das C-1 eines Aldosephosphates

6.108 Katalysiert die Umwandlung von D-Ribulose-5-phosphat zu D-Xylulose-5-phosphat

Liste 2

A. Glucose-6-phosphat-Dehydrogenase

B. Phosphopentose-Epimerase

C. Transketolase

D. Transaldolase

E. Phosphopentose-Isomerase

6.109   6.5   Fragentyp D

Der Pentosephosphatcyclus dient

1) zur Bildung von Ribose-5-phosphat
2) zum Abbau von Ribose-5-phosphat
3) zur Bildung von $NADPH_2$
4) zur Deckung des cellulären ATP-Bedarfes, wenn die Glykolyse allosterisch gehemmt ist

6.110   6.5   Fragentyp D

Zum Pentosephosphatcyclus:

1) Er dient dem oxidativen Abbau von Glucose zur Bildung von $NADPH_2$.
2) Mittels Transketolase und Transaldolase kann aus Fructose-6-phosphat und D-Glycerinaldehydphosphat D-Ribulose-5-phosphat gebildet werden.
3) Er dient der Bildung des für die Nucleotidsynthese benötigten Ribose-5-phosphates.
4) Er dient dem Abbau von 2-Desoxyribose-5-phosphat.

6.111   6.5   Fragentyp A_1

Die Reaktion Sedoheptulose-7-phosphat + Glycerinaldehyd-3-phosphat $\rightleftharpoons$ Fructose-6-phosphat + Erythrose-4-phosphat findet sich in welchem Stoffwechselweg?

A. Glykolyse

B. Gluconeogenese

C. Pentosephosphatweg

D. Bildung von Heteropolysacchariden

E. Biosynthese der Aminozucker

6.112   6.5   Fragentyp D

Welche der nachfolgenden Intermediate können als Ausgangssubstanzen für die Bildung von Pentose-5-phosphaten dienen?

1) Gluconsäure-6-phosphat
2) Fructose-6-phosphat
3) Glucuronsäure
4) Xylit

6.113   6.5   Fragentyp A_1

Was ist die biologische Funktion des Pentosephosphatweges in Leber und Fettgewebe?

A. Steuerung der Flußgeschwindigkeit in der Glykolyse
B. Steuerung des Glucosespiegels im Blut
C. Synthesen von C5-Isoprenbausteinen
D. Bereitstellung von $NADPH_2$
E. Ausweichstrecke für den Glucoseabbau bei Störung der Glykolyse

6.114   6.5   Fragentyp D

Durch welche der nachfolgenden Intermediate ist der Pentosephosphat-Cyclus direkt mit der Glykolyse verknüpft?

1) Fructose-6-phosphat
2) Glycerinaldehyd-3-phosphat
3) Glucose-6-phosphat
4) Ribose-5-phosphat

6.115   6.5   Fragentyp D

Welche Enzyme katalysieren in der Zelle $NADPH_2$ liefernde Reaktionen?

1) 6-Phosphogluconat-Dehydrogenase

2) Glycerinaldehyd-3-phosphat-Dehydrogenase

3) Malatenzym

4) Fettsäuresynthetase

6.116　　　　　　　　6.5　　　　　　　Fragentyp D

Fructose-6-phosphat ist ein Produkt, das bei Reaktionen entsteht, die durch die nachfolgend aufgeführten Enzyme katalysiert werden:

1) Phosphoglucose-Isomerase
2) Fructose-1,6-bisphosphatase
3) Transaldolase
4) Transketolase

6.117　　　　　　　　6.5　　　　　　　Fragentyp D

Welche der folgenden enzymatischen Reaktionen können in der Zelle am Glucose-6-phosphat ablaufen?

1) Isomerisierung
2) Dephosphorylierung
3) Dehydrierung
4) Epimerisierung

6.118　　　　　　　　6.5　　　　　　　Fragentyp D

Welche der folgenden Aussagen über $NADPH_2$ treffen zu?

1) Es kann von zwei Enzymen des Pentosephosphatcyclus gebildet werden.
2) Es kann bei der Reaktion des Malatenzyms gewonnen werden.
3) Es kann bei der Dehydrogenierung von Isocitrat entstehen.
4) Es kann bei der Dehydrierung von Glycerinaldehyd-3-phosphat entstehen.

6.119   6.6   Fragentyp A$_1$

Glucose-1-phosphat

A. entsteht bei der Spaltung von Glykogen mit α-Amylase
B. entsteht bei der Spaltung von Glykogen mit Phosphorylase
C. wird von der Glykogensynthetase umgesetzt
D. wird von der Leber ins Blut abgegeben
E. ist ein Glied des Citratcyclus

6.120   6.6   Fragentyp D

Welche Aussagen sind für die Glykogenphosphorylase des Muskels zutreffend?

1) Phosphorylase a kann durch eine Phosphatase in Phosphorylase b überführt werden.
2) Im Muskel hat die Phosphorylase a das doppelte Molekulargewicht wie die Phosphorylase b.
3) Die Aktivierung der Phosphorylase wird durch cyclisches 3',5'-AMP ausgelöst.
4) Phosphorylase b ist die einzige aktive Form des Enzyms.

6.121   6.6   Fragentyp D

Durch welche Reaktionen kann Glykogen im Körper enzymatisch abgebaut werden?

1) Glucuronidierung
2) Hydrolyse
3) β-Oxidation
4) Phosphorolyse

6.122   6.6   Fragentyp A$_1$

Die Umwandlung von Glykogen zu Glucose-1-phosphat erfolgt durch

A. Amylase
B. Glykogen-Phosphorylase
C. Uridindiphosphatglucose-Glykogen-Glucosyltransferase
D. Transglucosidasen
E. Uridindiphosphatglucose-Pyrophosphorylase

6.123   6.6   Fragentyp D

Phosphorolytische Reaktionen kommen im Körper vor

1) beim Abbau von Glykogen
2) beim Abbau von Nucleotiden
3) bei der Umsetzung von Succinyl-CoA im Citratcyclus
4) bei der Bildung von 1,3-bisphosphoglycerat in der Glykolyse

---

6.124   6.6   Fragentyp C

Bei hohem Blutglucosespiegel und niedrigem 3',5'-AMP-Spiegel in der Leber bauen die Leberzellen Glykogen auf,

weil

die Glykogensynthetase bei niedrigem 3',5'-AMP-Spiegel in dephosphorylierter Form aktiv ist.

6.125   6.6   Fragentyp A_1

Schlüsselenzym für die Glykogenolyse ist die Glykogenphosphorylase. Die Aktivität dieses Enzyms kann gesteigert werden durch

A. allosterische Aktivierung durch Glucose-6-phosphat
B. Abspaltung eines kleinen Peptids durch eine spezifische Protease
C. Phosphorylierung des Enzyms durch eine spezifische Kinase
D. Phosphorylierung durch eine spezifische Phosphatase

6.126　　　　　　　　6.6　　　　　　　　Fragentyp A_1

Muskelzellen bilden aus Glucose Glykogen,

A. weil Glykogen als makromolekulare Verbindung zum Vorgang der Muskelbewegung benötigt wird
B. weil die Glykogenmoleküle verhindern, daß sich die Muskelfasern zu stark kontrahieren und es so nicht zum Krampf kommt
C. damit sie eine Glucosereserve zur Aufrechterhaltung des Blutzuckerspiegels besitzen
D. weil in der Bilanzrechnung auf dem Umweg über Glykogen zum Abbau von Glucose zu Pyruvat weniger energiereiches Phosphat benötigt wird
E. Aus keinem der genannten Gründe

6.127　　　　　　　　6.6　　　　　　　　Fragentyp A_1

Was versteht man unter dem Begriff Coricyclus?

A. Einen speziellen Abbauweg für Kohlenhydrate in Darmbakterien.
B. Den Transport von Triacylglycerin von der Leber zum Fettgewebe und als freie Fettsäuren zurück in die Leber.
C. Die cyclische Veränderung der Konzentration verschiedener Östrogene und Gestagene im weiblichen Organismus.
D. Das Zusammenspiel von Muskel und Leber bei der Gluconeogenese aus Lactat.
E. Die Regulation des Blutzuckerspiegels durch die beiden Hormone Insulin und Glucagon.

6.128　　　　　　　　6.7　　　　　　　　Fragentyp A_1

Die congenitale Galaktosämie ist charakterisiert durch

A. hohen Spiegel an UDP-Galaktose in der Leber
B. Fehlen von Galaktose-1-phosphat
C. Fehlen der Aktivität der Galaktose-1-phosphat-Uridindiphosphatglucose-Transferase
D. Fehlen der Aktivität der Galaktokinase

E. Fehlen der Aktivität der Uridindiphosphatgalaktose-4-Epimerase

6.129 6.7 Fragentyp D

Vom Weg der Glykolyse (Embden-Meyerhof-Weg) zweigt die Bildung welcher der folgenden Substanzen ab?

1) Glucosamin-6-phosphat
2) Mannose-6-phosphat
3) L-Glycerin-3-phosphat
4) Serin

6.130 6.7 Fragentyp C

Bei Galaktosämie erscheint Galaktose im Harn,

weil

bei Ausfall der Galaktose-1-phosphat-Uridindiphosphat-glucose-Transferase die aus der Nahrung stammende Galaktose nicht verstoffwechselt werden kann.

6.131 6.7 Fragentyp A_3

Welche Antwort ist falsch?
D-Galaktose

A. kann im Organismus in Glucose bzw. Uridinphosphatglucose umgewandelt werden

B. entsteht bei der enzymatischen Spaltung von Milchzucker

C. gehört in die Klasse der 2-Desoxy-Zucker

D. ist Bestandteil der Ganglioside

E. ist bei essentieller Galaktosämie im Serum vermehrt

6.132   6.7   Fragentyp A$_1$

Nach oraler Gabe von 50 g Milchzucker steigt der Blutglucosespiegel nicht an, während der Anstieg nach Gabe von 50 g eines Glucose-Galaktose-Gemisches normal gefunden wird. Welcher der folgenden Defekte liegt vor?

A. Hyperinsulinismus
B. Ausfall des aktiven Zuckertransportes im Dünndarm
C. Ausfall der Darmlactase
D. Ausfall der lysosomalen β-Galaktosidase
E. Chirurgische Entfernung des Dünndarms

6.133   6.7   Fragentyp C

Bei Kindern mit Galaktosämie kommt es bei Zufuhr von Galaktose zu Schäden im Gehirn, Leber und Linse des Auges,

weil

ein Mangel vorliegt an dem Enzym Uridindiphosphatgalaktose-4-Epimerase.

6.134   6.7   Fragentyp A$_1$

Die Uridindiphosphatglucuronsäure dient im Organismus für die

A. Biosynthese von Heteropolysacchariden
B. Biosynthese von einigen Pentosen
C. "Entgiftung" von Steroidhormonen
D. Konjugation von Bilirubin
E. Alle Antworten sind richtig

6.135   6.7   Fragentyp A$_1$

Welches Nucleosidtriphosphat ist überwiegend an der Aktivierung von Glucoseresten für die Biosynthese von Oligo- und Polysacchariden beteiligt?

A. ATP
B. ITP
C. UTP
D. CTP
E. GTP

6.136   6.7   Fragentyp D

Beim Diabetes mellitus wirken antiketogen:

1) Fructose
2) Glucose
3) Galaktose
4) Fettsäuren

6.137   6.7   Fragentyp D

Fructose-Intoleranz

1) führt zur Hypoglykämie nach Fructosegabe
2) ist bedingt durch einen Defekt der Fructose-1,6-bisphosphat-Aldolase
3) führt zu einer Fructose-Ausscheidung im Harn nach Fructosegabe
4) ist bedingt durch einen Defekt der Fructokinase

6.138   6.7   Fragentyp A_1

Welches der folgenden vier Monosaccharide kann im tierischen Organismus nicht gebildet werden?

A. Fructose
B. Galaktose
C. Desoxyribose
D. Sedoheptulose
E. Keine der Antworten ist richtig

6.139   6.7   Fragentyp D

Uridindiphosphat (aktivierte Glucuronsäure) dient zur Synthese von

1) konjugierten Glucuroniden
2) Mucopolysacchariden
3) Ascorbinsäure
4) Glykogen

6.140   6.7   Fragentyp A_1

Die Biosynthese der Glucuronsäure

A. ist beim Menschen, bei höheren Affen und beim Meerschweinchen nicht möglich
B. erfolgt durch enzymatische Dehydrierung von Glucose-6-phosphat
C. ist eine Teilreaktion beim Abbau von Ascorbinsäure
D. vollzieht sich durch Dehydrierung von Uridindiphosphatglucose
E. erfolgt durch Kondensation von Xylulose-5-phosphat und aktivem Glykolaldehyd

6.141   6.7   Fragentyp A_1

In Glyceroproteinen (Proteoglykanen) sind die Kohlenhydratketten durch glykosidische Bindungen an bestimmte Aminosäuren gebunden. Diese Aminosäuren sind

A. Phenylalanin und Tyrosin
B. Cystein und Methionin
C. Histidin, Lysin und Arginin
D. Glutamat und Methionin
E. Serin und Threonin

6.142　　　　　　　　6.7　　　　　　　Fragentyp D

Für Keratansulfat trifft zu:

1) Es gehört chemisch zu den Glykosaminoglykanen (sauren Mucopolysacchariden).
2) Es kommt vor allem im Knorpelgewebe und in der Cornea vor.
3) Zu seinem Abbau ist eine spezifische Sulfatase notwendig.
4) Sein Gehalt im Knorpelgewebe nimmt im Laufe des Alterns zu.

6.143　　　　　　　　6.7　　　　　　　Fragentyp A_1

Hyaluronsäure ist aus welchen der folgenden Bausteine aufgebaut?

A. N-Acetylglucosamin und Glucuronsäure

B. N-Acetylglucosamin

C. N-Acetylgalaktosamin und N-Acetylglucosamin

D. Glucuronsäure und Iduronsäure

E. Mannose und N-Acetylglucosamin

6.144　　　　　　　　6.7　　　　　　　Fragentyp A_3

Welche Aussage ist <u>falsch</u>?
N-Acetylneuraminsäure

A. ist prosthetische Kohlenhydratgruppe in Glykoproteinen

B. wird durch Neuraminidase gespalten

C. wird durch Cytidintriphosphat aktiviert

D. ist Kondensationsprodukt von GDP-Fucose und Pyruvat

E. ist Bestandteil von Glykolipiden des Nervensystems

6.145 6.7 Fragentyp A_1

Penicillin hemmt das Wachstum von Mikroorganismen

A. durch Hemmung der Proteinbiosynthese
B. durch Hemmung der Mureinsynthese
C. durch Komplexbildung mit DNA
D. durch Hemmung der Energiebildung in Mikroorganismen
E. durch Hemmung der Glykolyse in Mikroorganismen

7. Lipide

7.01   7.1   Fragentyp A_1

Die alkalische Hydrolyse von Triacylglycerin nennt man

A. Verseifung   D. Dehydrierung
B. Veresterung   E. Aussalzen
C. Hydrierung

7.02   7.1   Fragentyp A_3

Welche Aussage ist
Die hydrophobe Wechselwirkung

A. ist die Ursache für die Abscheidung apolarer Lipide aus wäßrigen Lösungen
B. ist eine Folge der geordneten Organisation der Wassermoleküle als Dipole
C. ist die Ursache für die Bildung von Micellen und Liposomen amphipather Lipide in wäßrigen Lösungen
D. ist die Ursache für die Lösung apolarer Lipide in Chloroform
E. ist die Ursache für die Bildung von Emulsionen aus apolaren und amphipathen Molekülen in wäßrigen Lösungen

7.03 7.1 Fragentyp A$_1$

Für Triacylglycerine (Neutralfette) trifft zu:

A. Sie sind wesentliche Bestandteile der Membranen.
B. Sie sind Triester des Glycerins mit Fettsäuren.
C. Sie enthalten keine ungesättigten Fettsäurereste.
D. Sie können in der Zelle nur aus Nahrungsfett aufgebaut werden.
E. Sie kommen im menschlichen Körper nur intracellulär vor.

7.04 7.1 Fragentyp C

Amphophile Substanzen, z.B. Gallensäuren, können als Emulgatoren dienen,

weil

sie lipophile und hydrophile Anteile im Molekül haben.

7.05 7.1, 7.7 Fragentyp A$_1$

Sphingomyeline enthalten folgende Bausteine:

A. Sphingosin, eine Fettsäure, Phosphat, Cholin
B. Sphingosin, zwei Fettsäuren, Phosphat, Cholin
C. Sphingosin, eine Fettsäure, Galaktose
D. Sphingosin, eine Fettsäure, Hexose, Sialinsäure
E. Sphingosin, eine Fettsäure, Phosphat, Galaktose

7.06 7.1, 7.7 Fragentyp D

Für Sphingolipide trifft zu:

1) Sie kommen nur im Nervengewebe vor.
2) Sie enthalten einen Fettsäurerest säureamidartig gebunden.
3) Zu dieser Gruppe gehören auch alle Phospholipide.
4) Wichtigste Vertreter dieser Gruppe sind Sphingomyelin und Sphingoglykolipide.

7.07　　　　　　　　　7.1　　　　　　　Fragentyp C

In der Milch liegen die Triacylglycerine nicht als Emulsion vor,

weil

die Fettröpfchen der Milch von einem der Cytoplasmamembran entstammenden Lipid-Bilayer umgeben sind.

7.08　　　　　　　　　7.1　　　　　　　Fragentyp A_3

Welche Aussage ist falsch?

A. Phosphoglyceride (Glycerinphosphatide) bilden in wäßriger Lösung Liposomen.
B. Emulsionen bestehen aus apolaren und amphipathen (amphophilen) Lipiden.
C. Freie Fettsäuren werden im Blut durch Albumin transportiert.
D. Triacylglycerine mit ungesättigten Fettsäuren haben einen niedrigeren Schmelzpunkt als solche mit gesättigten Fettsäuren.
E. Cholesterin bildet aufgrund seiner polaren OH-Gruppe in Wasser Micellen.

7.09　　　　　　　　　7.1　　　　　　　Fragentyp C

Triacylglycerine können in Wasser Micellen bilden,

weil

sie amphipathe Moleküle sind.

7.10　7.13
7.11　7.14
7.12　　　　　　　　　　7.1　　　　　　　Fragentyp B

Ordnen Sie den in Liste 1 genannten Lipiden die in Liste 2 aufgeführten Strukturformeln richtig zu.

Liste 1

7.10　Lecithin
7.11　Triacylglycerin
7.12　Sphingomyelin
7.13　β-Carotin
7.14　Cerebrosid

Liste 2

A.

B.

C.

D.

E.

7.15　　　　　　　　　7.1　　　　　　Fragentyp A_1

Welches der nachfolgend aufgeführten Lipide ist am wenigsten polar?

A. Cholesterin　　　　　D. Sphingomyelin
B. Lecithin　　　　　　　E. Cerebrosid
C. Cholesterinester

7.16　　　　　　　　　7.1　　　　　　Fragentyp A_1

Welche der aufgeführten Stoffe gehören zur Gruppe der Steroide?

A. Gallensäuren
B. Cholesterin
C. Nebennierenrindenhormone
D. Sexualhormone
E. Alle die unter A. - D. genannten Stoffe

7.17		
7.18		
7.19	7.2	Fragentyp B

Ordnen Sie folgende mit ihren Strukturformeln wiedergegebenen Verbindungen in Liste 2 den zugehörigen Stoffwechselwegen in Liste 1 richtig zu.

Liste 1

7.17 Abbau von Palmitinsäure

7.18 Fettsäuresynthese

7.19 Cholesterinsynthese

Liste 2

A. $HOOC-CH_2-\overset{O}{\overset{\|}{C}}-[CoA]$

B. $HOOC-CH_2-CH_2-\overset{O}{\overset{\|}{C}}-[CoA]$

C. $CH_3-CH_2-CH_2-\overset{O}{\overset{\|}{C}}-[CoA]$

D. $CH_3-CH_2-\overset{O}{\overset{\|}{C}}-[CoA]$

E. $HOOC-CH_2-\underset{\underset{OH}{|}}{\overset{\overset{CH_3}{|}}{C}}-CH_2-\overset{O}{\overset{\|}{C}}-[CoA]$

7.20	7.2	Fragentyp C

Durch Adsorptionschromatographie lassen sich Cholesterin und Cholesterinester trennen,

weil

die Estergruppierung polarer ist als die Hydroxylgruppe.

7.21   7.2   Fragentyp D

Acetyl-CoA ist das Substrat oder Produkt bei folgenden Reaktionen:

1) Bildung von Malonyl-CoA
2) Bildung von Acetoacetat aus β-Hydroxy-β-methylglutaryl-CoA (HMG-CoA)
3) Spaltung von Citrat durch ATP-Citratlyase (citratspaltendes Enzym)
4) Endabbau des Isoleucins

7.22   7.3   Fragentyp A_1

Bei dem Abbau von 1 Molekül Stearinsäure ($C_{18}H_{36}O_2$) entstehen:

A. 18 $FADH_2$ + 9 Acetyl-CoA
B. 16 $FADH_2$ + 9 Acetyl-CoA
C. 9 $FADH_2$ + 9 $NADH_2$ + 9 Acetyl-CoA
D. 8 $FADH_2$ + 8 $NADH_2$ + 8 Acetyl-CoA
E. 8 $FADH_2$ + 8 $NADH_2$ + 9 Acetyl-CoA

7.23   7.3   Fragentyp A_1

Wenn eine Fettsäure eine Doppelbindung enthält, vermindert sich die Energieausbeute bei der β-Oxidation im Vergleich zu einer Fettsäure mit gleicher C-Zahl ohne Doppelbindung um:

A. 1 ATP-Molekül
B. 2 ATP-Moleküle
C. 3 ATP-Moleküle
D. 5 ATP-Moleküle
E. 7 ATP-Moleküle

7.24 7.3 Fragentyp D

Der Unterschied bei der β-Oxidation der Fettsäuren und der de novo-Synthese der Fettsäuren besteht darin, daß

1) die β-Oxidation in den Mitochondrien, die Synthese im Cytoplasma lokalisiert ist
2) bei der β-Oxidation FAD und NAD Wasserstoffacceptoren sind
3) die Zwischenprodukte bei der β-Oxidation an Coenzym A, bei der Synthese an einen Multienzymkomplex gebunden sind
4) bei der de novo-Synthese intermediär Malonyl-CoA entsteht, bei der β-Oxidation dagegen nicht

7.25 7.3 Fragentyp A_1

Bei der Biosynthese welcher Substanz wird Acetyl-Coenzym A nicht verwendet?

A. Cholesterin
B. Citronensäure
C. Mucopolysaccharide
D. Glucose
E. Aceton

7.26 7.3 Fragentyp D

Die Acetylgruppe von Acetyl-CoA kann gebildet werden aus

1) Glykogen
2) Fettsäuren
3) Aminosäuren
4) Pyruvat

7.27 7.3 Fragentyp A_1

Die Aktivierung freier Fettsäuren erfolgt durch

A. Übertragung von Coenzym A aus Malonyl-CoA
B. Bildung von UDP-Fettsäure
C. Bildung von Carnitin
D. Reaktion mit freiem CoA und ATP
E. Phosphorylierung mit ATP

7.28   7.3, 7.4   Fragentyp A_1

Ein Zwischenprodukt bei der Bildung von "aktivierter Essigsäure" aus freiem Acetat ist

A. Acetyl-CoA
B. Acetyl-AMP
C. Acetylphosphat
D. α-Liponsäure
E. Lipothiamindiphosphat

7.29   7.3, 7.4   Fragentyp A_1

Der Transport von Fettsäuren aus dem Cytosol in die Mitochondrien benötigt eine spezifische Carrierverbindung. Diese Verbindung ist

A. Carnosin
B. Glycerin
C. Carnitin
D. Cardiolipin
E. Glycin

7.30   7.3, 7.4   Fragentyp A_3

Welche Aussage trifft nicht zu?

A. Wasserstoffacceptor bei allen dehydrierenden Schritten der β-Oxidation ist FAD.
B. Propionyl-CoA als Abbauprodukt ungeradzahliger und verzweigtkettiger Fettsäuren wird zu Succinyl-CoA umgewandelt.
C. Die Kettenverlängerung bereits existierender Fettsäuren findet in den Mitochondrien unter Verwendung der Enzyme des Fettsäureabbaus statt.
D. Der Abbau ungesättigter Fettsäuren in der cis-Konfiguration erfordert neben den Enzymen der β-Oxidation die Mitwirkung einer spezifischen Isomerase oder Epimerase.
E. Ein vollständiger Abbau eines Moleküls Palmitinsäure über die β-Oxidation ergibt acht Moleküle Acetyl-CoA.

7.31   7.4   Fragentyp D

Fettsäuresynthese:

1) Bei einem Durchlauf am Multienzymkomplex entstehen nacheinander in dieser Reihenfolge: Enoyl-(S-Enzym), β-Hydroxyacyl-(S-Enzym) und β-Ketoacyl-(S-Enzym).

2) An der fertigen Fettsäure stammen die beiden C-Atome am Methylende der Fettsäure direkt aus Acetyl-CoA, die übrigen aus Malonyl-CoA.

3) Für die 1. Reduktion dient $FADH_2$, für die 2. $NADH_2$ als Wasserstoffdonator.

4) Regelenzym bei der Fettsäuresynthese ist Acetyl-CoA-Carboxylase, die durch Citrat allosterisch stimuliert wird.

7.32   7.4   Fragentyp A_1

Für die de novo-Biosynthese von 1 Mol Palmitinsäure aus Acetyl-CoA sind notwendig:

A. 14 mol NADPH

B. 16 mol $NADH_2$

C. 8 mol $NADH_2$ + 8 mol $NADPH_2$

D. 16 mol $NADPH_2$

E. 8 mol $NADPH_2$

7.33   7.4   Fragentyp A_3

Welche Aussage trifft nicht zu?
Produkte der tierischen Citrat-Lyase-Reaktion sind

A. Acetyl-Coenzym A   D. Malat

B. ADP   E. Oxalacetat

C. Phosphat

7.34   7.4   Fragentyp A_1

Das bei der Fettsäuresynthese aus Malonyl-CoA nicht verwendete C-Atom wird eliminiert als

A. Formyl-Tetrahydrofolsäure
B. Carboxyl-Biotin
C. CO_2
D. "Aktives Methyl"
E. Formiat

7.35   7.4   Fragentyp A_1

Wie viele Mole $NADPH_2$ werden für den Einbau eines Acetylrestes aus Acetyl-CoA in eine C_{16}-Fettsäure benötigt?

A. 2,75   D. 2
B. 1   E. 7,6
C. 1,75

7.36   7.4   Fragentyp D

$NADPH_2$ ist als Coenzym an der Synthese folgender Verbindungen beteiligt:

1) Palmitinsäure
2) Mevalonsäure
3) Gallensäure
4) β-Hydroxybuttersäure

7.37   7.4   Fragentyp D

Die für die Synthese von Fettsäuren notwendigen Reduktionsäquivalente ($NADPH_2$) stammen aus

1) der β-Oxidation
2) dem Pentosephosphatcyclus
3) dem Citratcyclus
4) der Reaktion des Malat-Enzyms

7.38   7.4   Fragentyp A$_1$

Bei der de novo-Biosynthese der Fettsäuren ist welches Enzym geschwindigkeitsbestimmend?

A. ATP-Citrat-Lyase
B. Acetyl-CoA-Carboxylase
C. Acetoacetyl-S-ACP-Synthetase
D. Reductase 1
E. Reductase 2

7.39   7.4   Fragentyp A$_1$

Welche Aussage über die Fettsäure-Synthese trifft nicht zu?

A. Der Fettsäure-Synthetase-Komplex ist im Cytoplasma lokalisiert.
B. Bei Synthesebeginn wird der Malonylrest vom CoA auf die zentrale, der Acetylrest vom CoA auf die periphere SH-Gruppe der Fettsäure-Synthetase übertragen.
C. Der am Enzym als Thioester gebundene β-Ketoacylrest wird durch NADPH$_2$ zu dem β-Hydroxyacylrest hydriert.
D. Durch Wasserabspaltung aus dem β-Hydroxyacylrest entsteht ein α,β-Dehydroacylrest.
E. Der am Fettsäure-Synthetase-Komplex gebildete Acylrest wird auf Carnitin übertragen.

7.40   7.5   Fragentyp C

Die Triacylglycerine des Serums können über das bei einer Alkalihydrolyse freigesetzte Glycerin spezifisch bestimmt werden,

weil

das Serum keine Glycerinphosphatide enthält.

7.41   7.5,19.2   Fragentyp A$_1$

Die Mobilisation des Depotfettes

A. erfolgt über eine Spaltung der Triacylglycerine in Fettsäuren und Glycerin
B. erfolgt über eine Abgabe von Fettsäuren und β-Monoacylglycerinen
C. erfolgt durch Abgabe von Lipoproteinen
D. wird durch Insulin aktiviert
E. ist im Hungerzustand gedrosselt

7.42   7.5   Fragentyp C

Pankreaslipase spaltet Triacylglycerine in Fettsäuren und β-Monoacylglycerine,

weil

das Enzym die Fettsäureesterbindungen in Position 1 und 2 des Glycerinanteiles angreift.

7.43   7.5,19.2   Fragentyp A$_1$

Im Fettgewebe werden Triacylglycerine in Glycerin und in freie Fettsäuren gespalten. Welchen Weg nimmt das freigesetzte Glycerin im Stoffwechsel?

A. Es wird im Blut zu L-Glycerin-3-phosphat phosphoryliert und erneut für die Lipidsynthese verwendet.
B. Es gelangt in die Blutbahn und wird über die Niere mit dem Urin ausgeschieden.
C. Es gelangt über die Blutbahn in die Leber, wird dort zu L-Glycerin-3-phosphat phosphoryliert und dann abgebaut oder für Lipidsynthesen verwendet.
D. Es wird über die Blutbahn in die Muskulatur transportiert und dort nach Phosphorylierung über die Glykolyse abgebaut.
E. Alle Antworten sind richtig.

| 7.44 | 7.5,19.2 | Fragentyp A_1 |

Was versteht man unter einer Fettmobilisation?

A. den starken Anstieg von Triacylglycerinen in Blut und Lymphe nach fettreicher Mahlzeit
B. die vermehrte Abgabe von Lipiden durch die Leber an die peripheren Organe
C. ein erhöhtes Auftreten von freien Fettsäuren und Glycerin im Blut nach einer verstärkten Spaltung von Triacylglycerinen im Fettgewebe
D. die vermehrte Abgabe von Triacylglycerinen aus dem Fettgewebe ins Blut
E. die vermehrte Bildung von Fettsäuren in der Leber mit nachfolgender Abgabe ans Blut

| 7.45 | 7.5 | Fragentyp D |

Bei der Biosynthese von Triacylglycerinen (Neutralfetten)

1) wird intermediär Phosphatidsäure gebildet
2) werden zuerst 2 Acylreste (aus Acyl-CoA-Verbindungen) auf L-Glycerin-3-phosphat übertragen
3) ist die Mitwirkung einer Phosphatidsäure-Phosphohydrolase (Phosphatase) erforderlich
4) entsteht intermediär ein Cytidindiphosphat-Diacylglycerid

| 7.46 | 7.6 | Fragentyp D |

Phosphatidsäure ist die Ausgangssubstanz für die Biosynthese welcher Verbindungen?

1) Lecithin (Phosphatidylcholin)
2) Triacylglycerin
3) Serinkephalin (Phosphatidylserin)
4) Cardiolipin (Bisphosphatidylglycerin)

7.47 7.6 Fragentyp D

Für L-Glycerin-3-phosphat trifft zu:

1) Es entsteht aus Glycerin mit Hilfe der Glycerokinase.
2) Es entsteht aus Dihydroxyacetonphosphat mit Hilfe der α-Glycerophosphat-Dehydrogenase.
3) Es ist eine Shuttle-Substanz für Wasserstoff in den Mitochondrien der Muskeln.
4) Es ist Ausgangsstoff für die Synthese der Phosphatidsäure.

7.48 7.6 Fragentyp A_3

Welche Aussage trifft nicht zu?
Lecithin (Phosphatidylcholin)

A. ist am Aufbau von Membranen beteiligt
B. kann im tierischen Organismus nicht synthetisiert werden, weshalb die Zufuhr als "Nervennahrung" sinnvoll ist
C. ist Bestandteil von Lipoproteinen im Blut
D. enthält als Baustein Cholin
E. hat einen polaren (hydrophilen) und einen apolaren (hydrophoben) Molekülteil

7.49 7.6 Fragentyp D

In Phospholipiden kann die Phosphorsäure mit folgenden Verbindungen verestert sein:

1) Serin
2) Äthanolamin
3) Cholin
4) Diacylglycerin

7.50   7.6   Fragentyp C

Gesättigte und ungesättigte Fettsäuren sind in der Lipidschicht biologischer Membranen weitgehend gleichmäßig verteilt

weil

die Glycerinphosphatide im allgemeinen einen gesättigten und einen ungesättigten Fettsäurerest enthalten.

7.51   7.6   Fragentyp A_3

Welche Aussage ist falsch?
Phospholipide (Glycerinphosphatide)

A. sind Phosphorsäurediester
B. sind Bausteine der Lipiddoppelschicht biologischer Membranen
C. enthalten gesättigte und ungesättigte Fettsäuren esterartig gebunden
D. sind apolare Moleküle
E. sind Emulgatoren

7.52   7.7   Fragentyp A_1

Cytidindiphosphat ist das bevorzugte Coenzym bei der Biosynthese von

A. Homoglykanen   D. Phospholipiden
B. Proteoglykanen   E. Sphingoglykolipiden
C. Triacylglycerinen

7.53   7.7   Fragentyp D

Vorstufen der Sphingomyelinbiosynthese sind

1) Palmityl-CoA   3) CDP-Cholin
2) Serin   4) Phosphatidsäure

7.54   7.7   Fragentyp A$_3$

Welche Aussage trifft <u>nicht</u> zu?
Lipidspeicherkrankheiten (Lipidosen)

A. sind Folge einer Störung des Sphingolipidstoffwechsels
B. sind gekennzeichnet durch Akkumulation partieller Abbauprodukte bestimmter Sphingolipide in Nervenzellen
C. sind genetisch determinierte Enzymdefektkrankheiten
D. sind die Folge einer vermehrten Synthese von Sphingoglykolipiden in Nervenzellen
E. führen zur Degeneration des Zentralnervensystems

7.55   7.8   Fragentyp D

Ketonkörper

1) werden in der Leber gebildet
2) können von den meisten Organen verbrannt werden
3) werden durch CoA-Übertragung aus Succinyl-CoA auf Acetoacetat in den Stoffwechsel eingeschleust
4) wirken im Hunger durch Energielieferung im Gehirn Glucose- und Eiweiß-sparend

7.56   7.8   Fragentyp A$_1$

Bei stark erhöhter Konzentration der Ketonkörper im Blut

A. liegt eine Störung im Endabbau der Fettsäuren vor
B. lassen sich durch konsequenten Nahrungsentzug wieder Normalwerte erreichen
C. kann eine Hemmung der Acetyl-CoA-Carboxylase die Ursache sein
D. ist die Alkalireserve im Blut erniedrigt
E. kann ein Glucagonmangel die Ursache sein

7.57	7.8	Fragentyp A_3

Welche Aussage über Ketonkörper trifft nicht zu?

A. Ketonkörper sind normale Stoffwechselzwischenprodukte.
B. Ketonkörper können vom Herzmuskel verbrannt werden.
C. Ketonkörper entstehen besonders nach hoher Fettzufuhr.
D. Ein hoher Spiegel an Ketonkörpern kann an einem charakteristischen Geruch der Atemluft erkannt werden.
E. Ketonkörper treten als Folge eines gestörten Kohlenhydratabbaus auf.

7.58	7.8	Fragentyp D

Eine Ketonkörperbildung findet in erhöhtem Maße statt bei

1) Sauerstoffmangel
2) langem Fasten
3) respiratorischer Acidose
4) Diabetes mellitus

7.59	7.8	Fragentyp C

In der Leber werden Ketonkörper gebildet,

weil

das aus der β-Ketoacyl-CoA-Thiolase-Reaktion anfallende Acetyl-CoA durch die ATP-gehemmte Citrat-Synthese nicht vollständig zu Citrat umgesetzt werden kann.

7.60	7.8	Fragentyp D

Welche Organe können Ketonkörper verwerten?

1) Fettgewebe
2) Herzmuskel
3) Erythrocyten
4) Zentralnervensystem

7.61	7.8	Fragentyp D

In der Leber werden verstärkt Ketonkörper gebildet,

1) wenn die Konzentration an Fettsäuren im Blut als Folge der Wirkung von Glucagon erhöht ist
2) wenn die Konzentration an Fettsäuren im Blut als Folge der Wirkung von Insulin erhöht ist
3) wenn das aus der β-Ketothiolase-Reaktion anfallende Acetyl-CoA nicht vollständig zu Citrat umgesetzt werden kann, weil die Kapazität der Citratsynthase durch eine hohe ATP-Konzentation vermindert ist
4) wenn die Fettsäuresynthese vermindert ist, so daß Acetyl-CoA zur Ketogenese zur Verfügung steht

7.62	7.8	Fragentyp A_1

Acetoacetatproduktion aus Fettsäuren findet vor allem statt im

A. Dünndarm D. Fettgewebe
B. Herzmuskel E. Blut
C. Leber

7.63	7.8, 14.4	Fragentyp A_1

In welcher der angegebenen senkrechten Spalten ist die Stoffwechselsituation bei Diabetes mellitus zutreffend beschrieben?
(Erklärung: ↑ = erhöht, ↓ = erniedrigt, O = unbeeinflußt)

	A.	B.	C.	D.	E.
Mobilisation des Fettdepots	↓	↑	↑	↑	↑
Triacylglycerinspiegel im Blut	↑	↑	↑	↑	↑
Fettsäuresynthese in der Leber	↑	O	↓	↓	↓
Cholesterinsynthese in der Leber	↑	↑	O	↑	↑
Alkalireserve im Blut	↓	↑	↓	↓	↑

7.64   7.8,14.5   Fragentyp C

Im Hungerzustand sinkt die Aktivität der Acetyl-CoA-Carboxylase,

weil

die Acetyl-CoA-Carboxylase ein Schrittmacherenzym der Fettsäuresynthese ist.

7.65   7.9   Fragentyp D

Cholesterin ist

1) "Carrier" von verzweigten Fettsäuren
2) Bestandteil der Cytoplasmamembran
3) in der Leber oxidierbar zu CO_2 und H_2O
4) Ausgangsstoff für die Biosynthese von Gallensäuren und Steroidhormonen

7.66   7.9   Fragentyp A_3

Welche Aussage trifft nicht zu?

Cholesterin ist Ausgangsstoff für die Biosynthese von

A. Vitamin D   D. Taurocholsäure
B. Oestradiol   E. Aldosteron
C. Serotonin

7.67   7.9   Fragentyp A_3

Welche Aussage trifft nicht zu?
Cholesterin

A. wird im Blutserum von Lipoproteinen transportiert
B. kann von der Leber aufgenommen und über die Galle ausgeschieden werden
C. ist die Vorstufe der Gallenfarbstoffe
D. kann im Blut durch die Lecithin-Cholesterin-Acyltransferase in Cholesterinester umgewandelt werden

E. erhöht die osmotische Stabilität von Cytoplasmamembranen

7.68   7.9   Fragentyp C

Cholesterin kann in der Gallenblase unter Steinbildung ausfallen,

weil

es keine polare Gruppe besitzt.

7.69   7.9   Fragentyp A_1

Die unter 1 - 5 aufgeführten Zwischenprodukte werden in einer der unter A. - E. aufgeführten Reihenfolgen bei der Biosynthese des Cholesterins gebildet.

1

$$H_2C=\overset{\underset{\displaystyle CH_3}{|}}{C}-CH_2-CH_2-O-\textcircled{P}-\textcircled{P}$$
2

$$HOOC-CH_2-\overset{\underset{\displaystyle OH}{|}}{\overset{\displaystyle CH_3}{C}}-CH_2-CH_2OH$$
3

$$HOOC-CH_2-\overset{\underset{\displaystyle OH}{|}}{\overset{\displaystyle CH_3}{C}}-CH_2-\overset{\displaystyle O}{\overset{\|}{C}}-\boxed{CoA}$$
4

$$\overset{H_3C}{\underset{H_3C}{\diagup}}C=CH-CH_2-CH_2-\overset{\underset{\displaystyle}{|}}{\overset{\displaystyle CH_3}{C}}=CH-CH_2-O-\textcircled{P}-\textcircled{P}$$
5

A. 2 4 3 5 1   D. 2 3 4 5 1
B. 3 4 2 5 1   E. 4 3 2 1 5
C. 4 3 2 5 1

7.70   7.9   Fragentyp D

β-Hydroxy-β-methylglutaryl-CoA ist ein Intermediat der

1) Cholesterinbiosynthese
2) Fettsäuresynthese
3) Biosynthese von Ketonkörpern
4) Biosynthese von δ-Aminolävulinsäure

7.71   7.9   Fragentyp A_1

Die Biosynthese von Cholesterin wird durch allosterische Kontrolle des folgenden Enzyms reguliert:

A. Acetyl-CoA-Carboxylase
B. Mevalonatkinase
C. Acetoacetyl-CoA-Synthetase
D. Hydroxymethylglutaryl-CoA-Reductase
E. Acyl-CoA-Synthetase

7.72   7.9   Fragentyp A_3

Welche Aussage trifft nicht zu?
Die Cholesterinbiosynthese in der Leber des Menschen

A. wird durch cholesterinreiche Nahrung gehemmt
B. kann durch triglyceridreiche Nahrung stimuliert werden
C. wird durch die Aktivität der β-Hydroxy-β-methylglutaryl-CoA-Reductase reguliert
D. liefert täglich etwa 10 - 15 g Cholesterin
E. ist im Hungerzustand herabgesetzt

7.73   7.9   Fragentyp D

Gallensäuren

1) sind Derivate des Cholesterins
2) haben polare und apolare Oberflächenanteile im Molekül

3) bilden im Dünndarm mit Fettsäuren wasserlösliche Micellen
4) werden nach Konjugation mit Glycin als Glykocholsäure ausgeschieden

7.74 7.9 Fragentyp D

Acetyl-CoA ist Ausgangssubstanz für die Biosynthese von
1) β-Hydroxybuttersäure
2) Aldosteron
3) Cholesterin
4) Cholin

7.75	7.78		
7.76	7.79		
7.77		7.9	Fragentyp B

Ordnen Sie den in Liste 1 angegebenen Steroidhormonen die in Liste 2 aufgeführten Strukturformeln richtig zu.

Liste 1

7.75 Aldosteron

7.76 Testosteron

7.77 17β-Oestradiol

7.78 Progesteron

7.79 Cortison

Liste 2

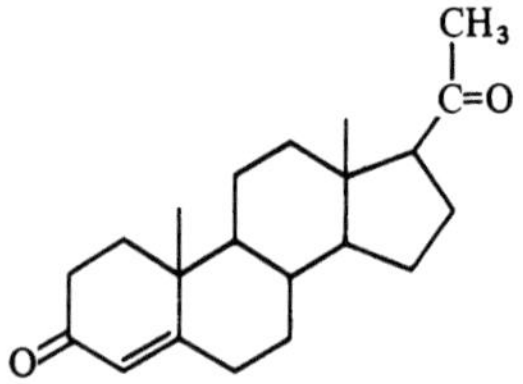

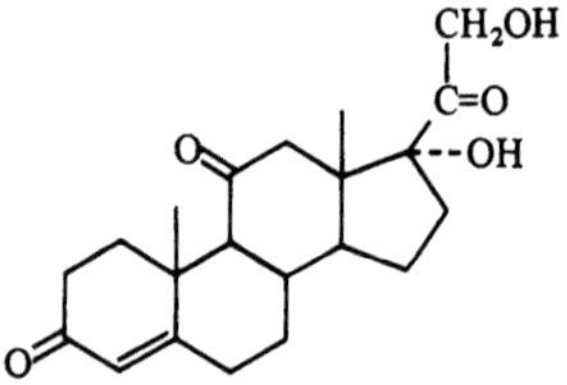

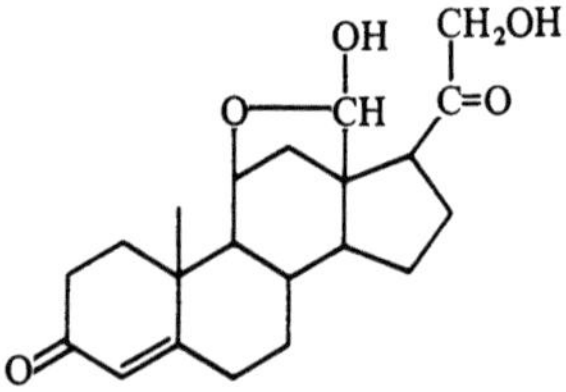

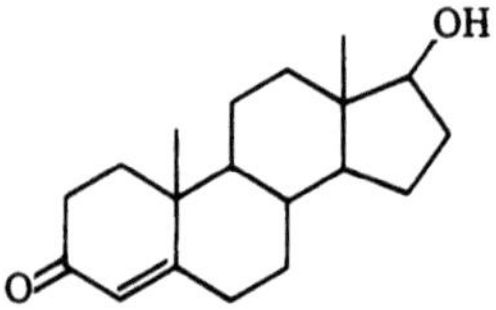

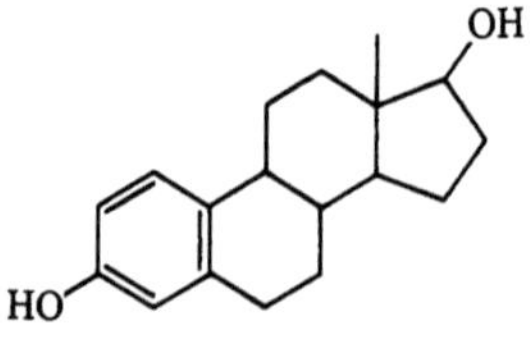

7.80   7.10   Fragentyp D

Die Lipoproteine des Blutplasmas

1) sedimentieren im Schwerefeld der Ultrazentrifuge mit geringerer Geschwindigkeit als die Proteine
2) treten bei der Elektrophorese in der α-, prä-β- und β-Globulinfraktion auf
3) werden durch die Lipoprotein-Lipase abgebaut
4) enthalten kein Lecithin

7.81   7.10   Fragentyp A_1

An welches Trägermolekül sind die freien Fettsäuren des Plasma überwiegend gebunden?

A. Proteolipide
B. β-Globuline
C. Apolipoprotein A
D. Very low density-lipoprotein
E. Albumin

7.82   7.10   Fragentyp A_3

Welche Aussage für Lipoproteine trifft nicht zu?

A. LDL entstehen beim intravasalen Abbau von VLDL.
B. VLDL und HDL werden in der Leber gebildet.
C. Chylomikronen werden in Enterocyten gebildet.
D. VLDL und HDL enthalten die gleiche Zusammensetzung der Apolipoproteine A, B und C.
E. Chylomikronen und VLDL sind Substrate der Lipoproteinlipase.

7.83
7.84
7.85   7.10   Fragentyp B

Ordnen Sie den in Liste 1 aufgeführten genetisch bedingten Störungen die in Liste 2 gemachten Aussagen richtig zu.

Liste 1

7.83 Mangel an Apolipoprotein B

7.84 Fehlen der LDL-Receptoren in peripheren Zellen

7.85 Fehlen der Lecithin-Cholesterin-Acyltransferase

Liste 2

A. Hoher Gehalt an nicht verestertem Cholesterin im Blutplasma

B. Hoher Gehalt an Triacylglycerin im Blutplasma

C. Extrem verlangsamter Abbau von Chylomikronen im Blutplasma

D. Vermindertes Auftreten von Chylomikronen im Blut nach fettreicher Mahlzeit

E. Erhöhung des Gesamtcholesterins, namentlich der Cholesterinester, im Blutplasma

8. Biologische Oxidation

8.01 8.1 Fragentyp A_3

Welche Aussage trifft nicht zu?
Acetyl-CoA

A. ist ein Produkt der β-Oxidation von geradzahligen Fettsäuren in den Mitochondrien
B. ist ein Produkt der ATP-abhängigen Citratlyase im Cytosol
C. ist ein Produkt der oxidativen Decarboxylierung von Pyruvat
D. ist ein Produkt der Acetylcholin-Esterase im cholinergen Nervensystem
E. ist ein Produkt der Spaltung von β-Hydroxy-β-methylglutaryl-CoA bei der Ketonkörperbildung

8.02 8.1 Fragentyp D

Wichtige Funktionen des Citratcyclus in den Mitochondrien für den Stoffabbau sind:

1) Bildung von Acetyl-CoA für die Fettsäuresynthese
2) Bildung von CO_2 aus dem Kohlenstoffgerüst
3) Bildung von Reduktionsäquivalenten
4) Bereitstellung von Reduktionsäquivalenten für die Atmungskette

8.03   8.1   Fragentyp D

Anabole Funktionen des Citratcyclus sind:

1) Bildung von Succinyl-CoA für die Porphyrinsynthese
2) Bereitstellung des Kohlenstoffgerüstes für die Glutaminsäuresynthese
3) Bildung von Oxalacetat für die Gluconeogenese
4) Bildung von Acetyl-CoA für die Cholesterinsynthese

8.04   8.1   Fragentyp D

Oxalacetat kann in höheren Organismen entstehen aus

1) Malat
2) Pyruvat
3) Aspartat
4) Fettsäuren

8.05   8.1   Fragentyp D

Die stoffliche Verknüpfung des Citratcyclus mit der Atmungskette geschieht durch

1) den O_2-Partialdruck
2) die Cytochromoxidase
3) das ATP/ADP-Verhältnis
4) die durch Substratwasserstoff reduzierten Coenzyme NAD und FAD

8.06   8.1   Fragentyp A_1

Beim vollständigen oxidativen Abbau von 1 Mol Pyruvat in den Mitochondrien können wieviel Mol energiereiche Bindungen in Form von Nucleosidtriphosphaten gewonnen werden?

A. 12
B. 36
C. 30
D. 15
E. keine der angegebenen Zahlen

8.07   8.1   Fragentyp A_1

Bei der im Citratcyclus erfolgenden Bildung von Fumarat aus α-Ketoglutarat können durch Zusammenwirken von Citratcyclus und oxidativer Phosphorylierung maximal wie viele Mole energiereiches Phosphat pro Mol α-Ketoglutarat entstehen?

A. 2   B. 3   C. 4   D. 5   E. 6

8.08   8.1   Fragentyp D

Wählen sie die am Citratcyclus beteiligten Enzyme aus!

1) Malat-Dehydrogenase
2) Succinat-Thiokinase
3) Succinat-Dehydrogenase
4) Pyruvat-Dehydrogenase

8.09 8.12
8.10 8.13
8.11   8.1   Fragentyp B

Ordnen Sie den in Liste 1 genannten Säuren die in Liste 2 aufgeführten Strukturformeln richtig zu.

Liste 1   Liste 2

8.09 Acetessigsäure   A. $COOH-CH_2-COOH$

8.10 Malonsäure   B. $CH_3-\overset{O}{\underset{\|}{C}}-COOH$

8.11 α-Ketoglutarsäure

8.12 Oxalessigsäure   C. $COOH-\overset{O}{\underset{\|}{C}}-CH_2-COOH$

8.13 Brenztraubensäure   D. $CH_3-\overset{O}{\underset{\|}{C}}-CH_2-COOH$

                            E. $COOH-\overset{O}{\underset{\|}{C}}-CH_2-CH_2-COOH$

8.14   8.1   Fragentyp D

Enzyme des Citratcyclus sind:

1) Citrat-Synthase
2) Pyruvat-Carboxylase
3) Succinat-Dehydrogenase
4) Malatenzym

8.15   8.1   Fragentyp D

Fumarat

1) kann beim Abbau des Tyrosins entstehen
2) entsteht aus Malat durch Abspaltung eines Wassermoleküls
3) entsteht bei der Biosynthese von Harnstoff
4) entsteht aus Succinat in einer Hydrierungsreaktion in Gegenwart von $NADH_2$

8.16 8.19
8.17 8.20
8.18   8.1   Fragentyp B

Ordnen Sie den in Liste 1 angegebenen Metaboliten des Citratcyclus die in Liste 2 aufgeführten Strukturformeln richtig zu.

Liste 1

8.16 Citrat
8.17 α-Ketoglutarat
8.18 Oxalacetat
8.19 Fumarat
8.20 Succinat

Liste 2

$H_2C-COOH$
$|$
$H_2C-COOH$

A.

$O=C-COOH$
$|$
$H_2C-COOH$

B.

$H_2C-COOH$
$|$
$HO-C-COOH$
$|$
$H_2C-COOH$

C.

$H_2C-COOH$
$|$
HCH
$|$
$O=C-COOH$

D.

$HC-COOH$
$\|$
$HOOC-CH$

E.

8.21 8.1 Fragentyp A$_1$

Welche der nachfolgend aufgeführten Dehydrogenasen liefert intramitochondrial NADH$_2$?

1) Glycerin-3-phosphat-Dehydrogenase
2) Isocitrat-Dehydrogenase
3) Succinat-Dehydrogenase
4) β-Hydroxyacyl-CoA-Dehydrogenase

8.22 8.1 Fragentyp D

Beim oxidativen Abbau von 1 mol Acetat im Citratcyclus können entstehen:

1) 1 mol GTP
2) 12 mol ATP
3) 2 mol CO_2
4) 2 mol NADPH$_2$

8.23 8.26
8.24 8.27
8.25 8.1 Fragentyp B

Ordnen Sie den in Liste 1 angegebenen Verbindungen die aus ihnen entstehenden Folgeprodukte in Liste 2 richtig zu.

Liste 1

8.23 Valin
8.24 Prolin
8.25 Phenylalanin
8.26 Pyruvat
8.27 Asparagin

Liste 2

A. Fumarat
B. Succinyl-CoA
C. α-Ketoglutarat
D. Oxalacetat
E. Acetyl-CoA

8.28　　　　　　　　8.1　　　　　　　Fragentyp D

Zwischenprodukte des Citratcyclus sind Ausgangsstoffe für

1) Gluconeogenese
2) Cholesterinsynthese
3) Porphyrinsynthese
4) Glykolyse

8.29　　　　　　　　8.1　　　　　　　Fragentyp D

Als Zwischenprodukte des Citratcyclus können am Aufbau des Kohlenstoffgerüstes folgende Verbindungen beteiligt sein:

1) Porphyrine　　　　3) Prolin
2) Glucose　　　　　　4) Glutamin

8.30　　　　　　　　8.2　　　　　　　Fragentyp A_3

Welche Aussage trifft <u>nicht</u> zu?
In den Mitochondrien findet statt:

A. Elektronentransport
B. Oxidation des Substratwasserstoffes zu H_2O
C. Oxidation des Substratkohlenstoffes zu CO_2
D. Neusynthese von Fettsäuren
E. Bildung von Acetyl-CoA

8.31　　　　　　　　8.2　　　　　　　Fragentyp D

Redoxsysteme mit negativem Redoxpotential

1) geben Elektronen leicht ab
2) sind energiearm
3) kommen in der Atmungskette vor
4) übertragen in der Atmungskette Elektronen direkt auf Sauerstoff

8.32　　　　　　　　8.2　　　　　　　Fragentyp A_3

Welche Aussage ist <u>falsch</u>?
Biologische Redoxsysteme sind:

A. Malat $\rightleftharpoons$ Oxalacetat
B. Cytochrom c (Fe^{2+}) $\rightleftharpoons$ Cytochtom c (Fe^{3+})
C. $NADH_2 \rightleftharpoons$ NAD
D. HB $\rightleftharpoons$ HbO_2
E. Ascorbat $\rightleftharpoons$ Dehydroascorbat

8.33　　　　　　　　8.2　　　　　　　Fragentyp A_3

Welche Aussage trifft <u>nicht</u> zu?
Am Wasserstoff- bzw. Elektronentransport in der Atmungskette sind beteiligt:

A. Ubichinon　　　　　D. FAD
B. NAD　　　　　　　　E. Eisenporphyrine
C. Tetrahydrofolsäure

8.34　　　　　　　　8.2,15.4　　　　　Fragentyp A_1

Die innere Mitochondrienmembran ist durchlässig für

A. $FADH_2$　　　　　D. Acetyl-CoA
B. $NADH_2$　　　　　E. NAD
C. Malat

8.35　　　　　　　　8.2　　　　　　　Fragentyp A_2

In dem Teil der Atmungskette, in dem Elektronen transportiert werden, liegen die Cytochrome in welcher der angegebenen Reihenfolge vor?

A. $a/a_3 \rightarrow$ b $\rightarrow$ c $\rightarrow$ c_1
B. $c_1 \rightarrow$ c $\rightarrow$ b $\rightarrow$ a/a_3
C. b $\rightarrow$ $c_1 \rightarrow$ c $\rightarrow$ a/a_3
D. c $\rightarrow$ $c_1 \rightarrow$ b $\rightarrow$ a/a_3
E. $P_{450} \rightarrow$ c $\rightarrow$ b $\rightarrow$ a/a_3

8.36 8.2 Fragentyp D

Ubichinon (Coenzym Q) ist ein

1) Bestandteil der Atmungskette in vielen Organismen
2) Coenzym der Monooxygenasen
3) Mitochondriales Redoxsystems
4) ubiquitär vorkommendes Gewebshormon

8.37 8.2 Fragentyp D

In der Atmungskette kann ATP bei folgenden Reaktionen gebildet werden:

1) Wasserstofftransfer von $NADH_2$ auf Flavoprotein/Fe-Proteinenzymkomplex
2) Wasserstofftransfer von Succinat auf FAD
3) Elektronentransfer von Ubichinon auf Cytochrom c
4) Elektronentransfer von Cytochrom a auf Cytochrom a_3

8.38 8.2 Fragentyp D

Der P/O-Quotient

1) beträgt optimal 5
2) ist ein Maß für den Sauerstoffverbrauch
3) ist ein Maß für die Zellatmung
4) läßt sich experimentell ermitteln

8.39 8.2 Fragentyp A_1

Die Gesamtgleichung der oxidativen Phosphorylierung kann formuliert werden:

$NADH_2 + O_2/2 + 3\ ADP + 3\ P \rightarrow NAD + 3\ ATP + 4\ H_2O$.
Welche Angabe gilt für die exergone Komponente der Gesamtgleichung?

A. $NADH_2 + 3\ P \rightarrow NAD + 3\ ATP$
B. $NADH_2 + O_2/2 \rightarrow NAD + H_2O$

C. $O_{2/2}$ + 3 ADP → H_2O + 3 ATP
D. 3 ADP + 3 P → 3 ATP + 3 H_2O
E. 3 ATP + 3 H_2O → 3 ADP + 3 P

8.40   8.2   Fragentyp A_1

In welcher der angegebenen senkrechten Spalten sind die Stoffwechseländerungen beim Übergang von anaeroben auf aerobe Bedingungen (Pasteur-Effekt) in einer Zelle zutreffend beschrieben?
(Erklärung: ↑= erhöht, ↓= erniedrigt, O = unbeeinflußt)

	A.	B.	C.	D.	E.
Glucoseumsatz	O	↑	↓	↓	↓
ATP/ADP-Quotient	O	↑	O	↑	O
Hexokinase-Reaktion	↑	O	O	↓	↓
Phosphofructokinase-Reaktion	↓	↓	↓	↓	O
Lactatbildung	↓	↑	↓	↓	↓

8.41   8.2   Fragentyp D

Die im ATP enthaltene freie Energie kann für folgende Prozesse nutzbar gemacht werden?

1) Glykogenabbau
2) Muskelkontraktion
3) Hydrolyse von Peptidbindungen
4) Aktiver Transport

8.42   8.2   Fragentyp A_1

Welche der aufgeführten Verbindungen hat das niedrigste Gruppenübertragungspotential für Phosphat?

A. 1,3-Bisphosphoglycerat
B. Kreatinphosphat
C. 2,3-Bisphosphoglycerat
D. Guanosindiphosphat
E. Phosphoenolpyruvat

8.43   8.2   Fragentyp A_1

Die Gesamtgleichung der oxidativen Phosphorylierung kann formuliert werden:

$NADH_2 + O_{2/2} + 3\ ADP + 3\ P \longrightarrow NAD + 3\ ATP + 4\ H_2O$

Welche Angabe gilt für die endergone Komponente der Gesamtgleichung?

A. $NADH_2 + 3\ P \longrightarrow NAD + 3\ ATP$
B. $NADH_2 + O_{2/2} \longrightarrow NAD + H_2O$
C. $O_{2/2} + 3\ ADP \longrightarrow H_2O + 3\ ATP$
D. $3\ ADP + 3\ P \longrightarrow 3\ ATP + 3\ H_2O$
E. $3\ ATP + 3\ H_2O \longrightarrow 3\ ADP + 3\ P$

8.44   8.2   Fragentyp A_1

Cytochrom c

A. wird durch Kaliumcyanid gehemmt
B. überträgt Elektronen von Cytochrom a direkt auf den Sauerstoff
C. dient als O_2-Transportmolekül in der Zelle
D. überträgt Elektronen von Cytochrom c_1 auf Cytochrom a
E. enthält Ubichinon als Wirkgruppe

8.45   8.2   Fragentyp D

Die Umsetzung von

1) Succinat zu Fumarat ist eine Reduktion
2) Pyruvat und CoA zu Acetyl-CoA und CO_2 ist eine oxidative Decarboxylierung
3) Dehydroascorbat zu Ascorbat ist eine Oxidation
4) Oxalacetat zu Malat ist eine Reduktion

8.46   8.2   Fragentyp A_1

Das Standard-Redoxpotential E_o' (pH 7,0) des Redoxsystems NADH + H$^+$/NAD$^+$ ist -0,32 Volt, das des Redoxsystems Lactat/Pyruvat -0,19 Volt. Welches aktuelle Redoxpotential E_n liegt vor, wenn sich zwischen beiden Redoxsystemen unter Standardbedingungen ein Gleichgewicht eingestellt hat ($\Delta E_o' = 0$)?

A. -0,13 V

B. -0,255 V

C. -0,51 V

D. $\pm$ 0 V

E. + 0,51 V

8.47   8.2   Fragentyp A_1

Die Selbstregulation der Atmungskette (Atmungskontrolle) erfolgt durch

A. den Umsatz im Citratcyclus

B. den ATP/ADP-Quotienten

C. das Sauerstoffangebot

D. das Substratangebot

E. die Höhe des Redoxpotentials

8.48   8.2   Fragentyp A_1

Durch Zugabe eines spezifischen Hemmstoffes wird die Atmungskette auf der Stufe des Cytochrom c$_1$ blockiert. Welches Glied der Atmungskette liegt in der angegebenen Oxidationsstufe vor?

A. Cytochrom b reduziert

B. FAD$^+$ oxidiert

C. Cytochrom c reduziert

D. Ubichinon oxidiert

E. Cytochrom a$_3$ reduziert

8.49   8.2   Fragentyp A$_1$

Welches der angeführten Redoxsysteme wird bei der Hemmung der Atmungskette mit Antimycin weiter oxidiert?

A. NADH/NAD$^+$
B. CoQ (red)/CoQ (ox)
C. Cyt$_c$ (red)/Cyt$_c$ (ox)
D. FMN (red)/FMN (ox)
E. Substrat (red)/Substrat (ox)

8.50   8.2   Fragentyp A$_1$

Bei der Entkopplung der oxidativen Phosphorylierung

A. ist die ATPase-Aktivität der Zellmembran erhöht
B. ist die ATP-Bildung geringer, als es dem Sauerstoffverbrauch entspricht
C. hat der P/O-Quotient einen Wert über 3
D. ist der Elektronenfluß in der Atmungskette blockiert
E. ist die Atmungskette auf der Stufe NAD → FMN unterbrochen

8.51   8.2   Fragentyp D

Die Entkopplung der oxidativen Phosphorylierung besagt:

1) Die ATPase-Aktivität in den Mitochondrien ist erhöht.
2) Die ATP-Bildung beim normalen oder erhöhten Sauerstoffverbrauch ist vermindert.
3) Die ATP-Bildung ist höher, als es dem Sauerstoffverbrauch entspricht.
4) Der P/O-Quotient weist einen Wert kleiner als 3 auf.

8.52   8.2   Fragentyp D

Entkoppler der oxidativen Phosphorylierung bewirken eine

1) Erniedrigung des Sauerstoffverbrauches

2) Erniedrigung der P/O-Quotienten
3) Erniedrigung der Wärmeproduktion
4) Erniedrigung des Wirkungsgrades

8.53　　　　　　　　8.2　　　　　　　Fragentyp D

Kaliumcyanid hemmt direkt bzw. indirekt

1) die Elektronenübertragung in der mitochondrialen Atmungskette
2) die ATP-Bildung in den Mitochondrien
3) die Elektronenübertragung von Cytochrom (a+a_3) auf Sauerstoff
4) die aktiven Transportvorgänge durch Zellmembranen

8.54　　　　　　　　8.2　　　　　　　Fragentyp A_1

Der maximale P/O-Quotient bei der vollständigen Verbrennung von Palmitat ist

A. 2,4　　　　　　D. 3,0
B. 1,8　　　　　　E. 3,8
C. 2,8

8.55　　　　　　　　8.2　　　　　　　Fragentyp A_1

Bei der vollständigen biologischen Oxidation von einem Mol Glucose können maximal wieviel Mol ATP aus ADP und Orthophosphat gebildet werden?

A. 2　　B. 12　　C. 16　　D. 38　　E. 72

8.56　　　　　　　　8.2　　　　　　　Fragentyp A_1

Bei der vollständigen Oxidation von einem Mol Palmitinsäure zu CO_2 und H_2O können wieviel Mol ATP gewonnen werden?

A. 38　　B. 56　　C. 102　　D. 130　　E. 174

8.57   8.3   Fragentyp D

Welche der nachfolgenden Enzyme können molekularen Sauerstoff direkt als Substrat verwerten?

1) Monooxygenasen (Hydroxylasen)
2) Cytochrom-Oxidase (Cytochrom a + a_3)
3) Tyrosinase (Phenoloxidase)
4) Cytochrom c

8.58   8.3   Fragentyp A_3

Welche Aussage ist <u>falsch</u>?

A. Monooxygenasen katalysieren die Einführung von Hydroxylgruppen in aromatische Verbindungen.
B. Katalase katalysiert die Reaktion 2 $H_2O_2 \rightleftharpoons$ 2 $H_2O + O_2$.
C. Cytochrom P_{450} ist als elektronenübertragendes Redoxsystem an Hydroxylierungsreaktionen im glatten endoplasmatischen Reticulum der Leberzellen beteiligt.
D. Dioxygenasen katalysieren den Einbau von beiden Atomen des molekularen O_2 in ein Substrat.
E. Peroxidasen katalysieren die allgemeine Reaktion
$R-H_2 + O_2 \rightleftharpoons R + H_2O_2$.

9. Mineralstoffwechsel

9.01   9.1   Fragentyp A_1

Wie hoch ist die intracelluläre K^+-Konzentration in mmol/l?

A. 4   D. 160
B. 10   E. 80
C. 180

9.02   9.1   Fragentyp A_1

Wie hoch ist die intracelluläre Na^+-Konzentration in mmol/l?

A. 10   D. 4
B. 145   E. 26
C. 160

9.03   9.1   Fragentyp D

Mineralhaushalt:

1) Für die Eisenresorption aus dem Intestinaltrakt ist Ferritin notwendig.
2) Na^+ und K^+ können frei in die Zelle diffundieren.
3) Im Erythrocyten sind die Aufnahme von K^+ und die Abgabe von Na^+ energieabhängige Vorgänge.
4) Die durch die Summe aller Elektrolyte einer Lösung verursachte Gefrierpunktserniedrigung wird auch als "Kolloid-osmotischer Druck" bezeichnet.

9.04 9.1 Fragentyp A_1

Der Donnan-Effekt nimmt zu bei

A. der Abnahme der Elektrolytkonzentration in der Zelle
B. der Zunahme der Permeabilität der Zellmembran
C. der Erhöhung der Ladung und Konzentration der Eiweißkörper in der Zelle
D. der Verminderung der intracellulären Eiweißkörper
E. der Abnahme der Ladung der Eiweißkörper

9.05 9.1 Fragentyp A_3

Welche Antwort ist falsch?

A. Die Kaliumkonzentration der Erythrocyten ist höher als die Kaliumkonzentration des Serums.
B. Knorpelgewebe enthält mehr Natrium als Kalium.
C. Bei der Salzsäurebildung im Magensaft stammt das Chlorid aus dem Blutplasma.
D. Bei der Salzsäurebildung im Magensaft wird die Wasserstoffionenkonzentration gegenüber dem Blutplasma auf das $1-10 \times 10^6$fache angereichert.
E. Der Tagesbedarf des Menschen an Natriumchlorid beträgt 1 - 2 g.

9.06 9.1 Fragentyp A_1

Der Eisenbestand des Organismus unterliegt einer genauen Kontrolle. Die im Körper vorhandene Menge an Eisen wird kontrolliert durch

A. die Aufnahme von Eisen durch die Dünndarm-Mucosa
B. die Eisenausscheidung über die Niere
C. Eisenspeicher im Knochenmark
D. Eisenspeicher in der Leber
E. die Konzentration an proteingebundenem Eisen im Blut

9.07 9.1 Fragentyp A$_1$

Beim Transport im Blut ist Eisen gebunden an

A. Caeruloplasmin
B. Ferritin
C. Transferrin
D. β-Globulin
E. Albumin

9.08 9.1 Fragentyp A$_1$

Die Hauptmenge des Eisens im menschlichen Körper ist an welches Protein gebunden?

A. Hämoglobin
B. Ferritin
C. Transferrin
D. Hämosiderin
E. Katalase

9.09 9.1 Fragentyp A$_1$

Die totale Eisenbindungskapazität pro 1 l Serum beträgt normalerweise

A. 100 - 200 mg (1800 - 2700 µmol)
B. 3 - 4 mg (54 - 72 µmol)
C. 1 - 1,5 mg (18 - 27 µmol)
D. 40 - 50 g (716 - 895 mmol)
E. 10 - 20 mg (180 - 270 µmol)

9.10 9.1 Fragentyp D

Begünstigend für die Eisenresorption wirken welche der nachfolgenden Stoffe?

1) Ascorbat
2) Magensalzsäure
3) Sorbit
4) Phosphate

9.11	9.14		
9.12	9.15		
9.13		9.1	Fragentyp E

Ordnen Sie den in Liste 1 angegebenen Namen die in Liste 2 aufgeführten eisenhaltigen Verbindungen nach ihrem bevorzugten Vorkommen zu.

Liste 1

9.11 Hämosiderin

9.12 Häm

9.13 Hämoglobin

9.14 Ferritin

9.15 Transferrin

Liste 2

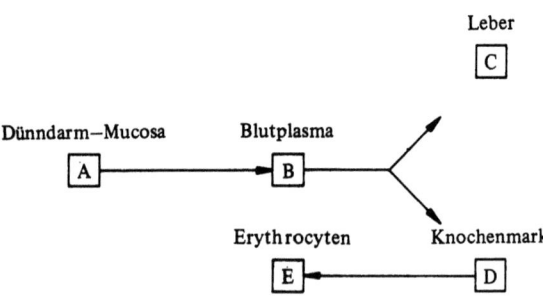

9.16	9.2	Fragentyp D

Für Fluorid treffen folgende Aussagen zu:

1) Fluorid, in geringer Konzentration mit dem Trinkwasser aufgenommen, hemmt die Ausbildung der Zahncaries.
2) Fluoridaufnahmen über 20 mg am Tag führen zu Skeletdeformitäten.
3) Die Fluoridausscheidung erfolgt hauptsächlich durch die Niere.
4) Calciumionen in der Nahrung verbessern die Resorption von Fluorid.

9.17   9.2   Fragentyp D

Für Kupfer treffen folgende Aussagen zu:

1) Die tägliche Resorption beträgt beim Erwachsenen 1-2mg.
2) Die Serumkupferkonzentration liegt normalerweise um 1 mg/l (15,7 µmol/l).
3) Es begünstigt die Eisenresorption.
4) Es wird intracellulär als Kupfercaeruloplasmin gespeichert.

9.18   9.2   Fragentyp A_1

Caeruloplasmin ist ein

A. Eisentransportprotein
B. Abbauprodukt des Hämoglobins
C. kupferbindendes Serumprotein
D. kupferspeicherndes Zellprotein
E. Immunglobulin

9.19   9.3   Fragentyp D

Die Wirkung eines Puffers ist

1) am größten beim pK-Wert der Puffersubstanz
2) am größten bei 37°C
3) abhängig von der Dissoziationskonstanten der Puffersubstanz
4) am größten beim isoelektrischen Punkt der Puffersubstanz

9.20   9.3   Fragentyp D

Welche Aussagen sind <u>falsch</u>? Eine Acidose kann hervorgerufen sein

1) durch eine vermehrte exogene H^+-Zufuhr
2) durch eine vermehrte renale H^+-Sekretion
3) durch einen gesteigerten Verlust von Pufferbasen
4) durch eine vermehrte pulmonale CO_2-Ausscheidung

9.21   9.3   Fragentyp C

Plasmaproteine haben Puffereigenschaften,

<u>weil</u>

sie amphotere (zwitterionische) Verbindungen sind.

9.22   9.3   Fragentyp A_1

Welche der aufgeführten Belastungen kann zu einer respiratorischen Acidose führen?

A. O_2-Mangel in großer Höhe
B. Starke Muskelarbeit
C. Eine Lungenentzündung
D. Starkes Erbrechen
E. Eine Leberentzündung

9.23   9.3   Fragentyp A_1

Der wichtigste Puffer in der interstitiellen Flüssigkeit ist

A. Phosphat
B. Protein
C. Acetat
D. Chlorid
E. HCO_3^-/H_2CO_3

9.24 9.3 Fragentyp A_1

Die Behandlung einer metabolischen Acidose erfolgt am zweckmäßigsten durch Infusion einer Pufferlösung mit dem pK-Wert von

A. 7,1
B. 9,8
C. 4,7
D. 7,5
E. 6,0

9.25 9.3 Fragentyp A_1

Das <u>wichtigste</u> extracelluläre Puffersystem besteht aus <u>folgendem</u> konjugierten Säure-Basen-Paar:

A. CH_3COOH/CH_3COO^-
B. H_2CO_3/HCO_3^-
C. $H_2PO_4^-/HPO_4^{2-}$
D. NH_4^+/NH_3
E. HPO_4^{2-}/HPO_4^{3-}

9.26 9.3 Fragentyp A_1

Die Dissoziationskonstante eines Puffersystems

$\dfrac{[H^+] \times [A^-]}{[HA]}$ sei: $K_a = 10^{-5,4}$

Wie groß ist der Quotient $\dfrac{[A^-]}{[HA]}$ im Blut, wenn der pH-Wert des Blutes konstant bei 7,4 bleibt?

A. 0,01
B. 2
C. 10
D. 100
E. 1000

9.27 9.30
9.28 9.31
9.29   9.3   Fragentyp B

Ordnen Sie jeder in Liste 1 angegebenen Krankheit die entsprechende Störung im Säure-Basen-Haushalt in Liste 2 zu.

Liste 1   Liste 2

9.27 Asthma bronchiale   A. Metabolische Acidose
9.28 Chronische Diarrhoe   B. Metabolische Alkalose
9.29 Angstzustände   C. Respiratorische Acidose
9.30 Chronisches Erbrechen   D. Respiratorische Alkalose
9.31 Dickdarmcarcinom   E. Normaler Säure-Basen-Status

9.32   9.3   Fragentyp A_1

Welcher Säure-Basen-Status im Blut ergibt sich aus folgenden Laborwerten?
pH 7,25; $[HCO_3^-]$ = 10mmol/l; $[H_2CO_3 + CO_2]$ = 0,71 mmol/l

A. Respiratorische Acidose, teilweise kompensiert
B. Respiratorische Alkalose, teilweise kompensiert
C. Metabolische Acidose, teilweise kompensiert
D. Metabolische Acidose, nicht kompensiert
E. Metabolische Alkalose, nicht kompensiert

9.33   9.3   Fragentyp A_1

Nach Behandlung einer Acidose mit Natriumbicarbonatinfusionen wird im Blut das Verhältnis Bicarbonat/Kohlensäure mit 10 gemessen. Wie groß ist der aktuelle pH-Wert des Blutes?
(pK_1 der Kohlensäure 6,1)

A. 7,4   D. 6,8
B. 7,1   E. 7,8
C. 7,6

9.34	9.3	Fragentyp C

Nach Injektion von Ammoniumchlorid kommt es im Tierexperiment zur Acidose,

weil

Ammoniumchlorid eine sauer reagierende Verbindung ist.

10. Allgemeine Mechanismen der Stoffwechselregulation

10.01   10.1   Fragentyp D

Welche Aussagen treffen zu?

1) Der anabole Stoffwechsel ist ein endergoner Prozeß.
2) Die freie Energie einer Reaktion entspricht der Reaktionswärme.
3) Der Einbau von Aminosäuren in Protein ist eine anabole Reaktion.
4) Anabole und katabole Stoffwechselwege benutzen stets die gleichen Enzyme.

10.02   10.1   Fragentyp A_3

Welche Aussage trifft <u>nicht</u> zu?
Negative Rückkopplung

A. führt zur Verminderung des Stoffumsatzes
B. ist die Hemmung des Schrittmacherenzyms eines Stoffwechselweges durch das auftretende Produkt
C. der Porphyrinsynthese erfolgt durch Häm
D. führt zur Erniedrigung der Aktivierungsenergie des Schrittmacherenzyms eines Stoffwechselweges
E. der Purinbiosynthese erfolgt durch Inosin-5-phosphat (IMP)

10.03   10.1   Fragentyp A_3

Welche Aussage trifft <u>nicht</u> zu?
Glucose-6-phosphat ist Substrat der

A. Phosphoglucomutase
B. Gluconat-6-phosphat-Dehydrogenase
C. Glucose-6-phosphat-Dehydrogenase

D. Glucose-6-Phosphatase
E. Phosphoglucoisomerase

10.04   10.1/1.1   Fragentyp D

Für ein kataboles Fließgleichgewichtssystem gilt:

1) Es kommt zu einem unidirektionalen Nettofluß.
2) Ständige Zufuhr von Substrat ist notwendig.
3) Es ermöglicht die ständige Bereitstellung von arbeitsfähiger Energie.
4) Alle Einzelreaktionen des Fließgleichgewichtssystems müssen exergon verlaufen.

10.05   10.5   Fragentyp A_1

Was versteht man unter Allosterie?

A. Die Tatsache, daß zwei entgegengesetzt verlaufende Stoffwechselwege (z.B. Glykolyse und Gluconeogenese) teilweise unterschiedliche Enzyme benutzen

B. Die Speicherung eines Stoffes in verschiedenen Organen

C. Den Vorgang, daß ein Stoff, der nicht Substrat ist, ein Enzym kompetitiv hemmt

D. Die Beeinflussung der Enzymaktivität durch Bindung eines Effectors an einen Ort des Enzyms, der nicht das aktive Zentrum ist

E. Die gleichzeitige Bindung zweier Substratmoleküle im aktiven Zentrum eines Enzyms

10.06   10.5   Fragentyp D

Allosterische Enzyme

1) bestehen aus mehreren Untereinheiten
2) besitzen ein Zentrum für die Bindung eines allosterischen Effectors
3) können in 2 verschiedenen, reversibel ineinander überführbaren Konformationen vorliegen
4) haben in Abwesenheit des allosterischen Effectors eine hyperbole Substratsättigungskurve

10.07   10.5   Fragentyp A_1

Allosterische Effectoren beeinflussen

A. das Gleichgewicht der katalysierten Reaktion
B. das Gleichgewicht zwischen einem aktiven und weniger aktiven Konformationszustand des allosterischen Enzyms
C. die Zahl der Substratbindungsstellen
D. die Primärstruktur des aktiven Zentrums
E. die Biosynthese des allosterischen Enzyms

10.08   10.5   Fragentyp C

Die Umsatzgeschwindigkeit allosterischer Enzyme kann bei gleicher Enzym- und Substratkonzentration durch entsprechende Effectoren variiert werden,

weil

diese Enzyme ein stufenlos modulierbares K_m besitzen.

10.09   10.5   Fragentyp A_3

Welche Aussage trifft nicht zu?
Bei einem allosterisch regulierten Enzym wird

A. der allosterische Effector nicht am aktiven Zentrum gebunden

B. das Gleichgewicht der katalysierten Reaktion durch die Bindung des Effectors nach einer Seite verschoben

C. die Konformation des Enzyms durch Bindung des Effectors verändert

D. die Wechselwirkung zwischen Untereinheiten des Enzyms durch Bindung des Effectors beeinflußt

E. die Maximalgeschwindigkeit oder die Michaelis-Konstante für das Substrat durch die Bindung des Effectors verändert

10.10　　　　　　　10.5　　　　　Fragentyp D

Welche der nachfolgenden Enzyme der Glykolyse bzw. Gluconeogenese unterliegen als Schrittmacherenzyme einer allosterischen Regulation?

1) Phosphofructokinase
2) Pyruvat-Carboxylase
3) Fructose-1,6-Bisphosphatase
4) Phosphofructoaldolase

10.11　　　　　　　10.5　　　　　Fragentyp D

Welche Regelgrößen können bei allosterischer Regulation durch eine physikalische Modifikation (Konformationsänderung) verändert werden?

1) Enzymkonzentration
2) Enzymaffinität
3) Substratkonzentration
4) Enzymaktivität

10.12   10.5/11.1   Fragentyp A₁

Cyclisches 3',5'-AMP ist

A. eine seltene Base in der tRNA
B. ein Produkt mutagener Veränderungen der DNA
C. ein "second messenger" bei der Wirkung mancher Hormone
D. ein Spaltprodukt von ATP bei Kinase-Reaktion
E. ein Coenzym bei der Biosynthese von Phosphat

10.13   10.5/11.1   Fragentyp D

Der celluläre Spiegel von cyclischem 3',5'-AMP

1) wird erhöht durch Adrenalin
2) wird erhöht durch Glucagon
3) wird erniedrigt durch Insulin
4) wird durch Coffein und Theophyllin erhöht

10.14   10.5/11.1   Fragentyp D

Cyclisches 3',5'-AMP

1) ist ein Hormon
2) beeinflußt die Permeabilität der Zellmembran
3) entsteht beim intracellulären Abbau der RNA
4) beeinflußt die Aktivität einiger intracellulärer Schrittmacherenzyme

10.15   10.5/11.1   Fragentyp A₃

Welche Aussage trifft nicht zu?
Cyclisches 3',5'-AMP

A. ist Reaktionsprodukt der Adenylat-Kinasereaktion
B. entsteht aus ATP unter der Wirkung der Adenylcyclase
C. kann zur Veränderung der Zellpermeabilität führen

D. wird durch die Phosphodiesterase zu 5'-AMP abgebaut
E. aktiviert Proteinkinasen

10.16   10.8   Fragentyp D

Für das Operon trifft zu:

1) Es ist eine Funktionseinheit, bestehend aus Operatorgen und Strukturgenen.
2) Es besteht aus Regulatorgen und Strukturgenen.
3) Seine Aktivität wird durch das Produkt eines Regulatorgens kontrolliert.
4) Es reguliert die Translation am Ribosom.

10.17   10.9   Fragentyp D

Welche der angegebenen interkonvertierbaren Enzyme sind in der dephosphorylierten Form aktiv?

1) Glykogen-Phosphorylase
2) Glykogen-Synthetase
3) Fettgewebslipase
4) Pyruvat-Dehydrogenase

10.18   10.9   Fragentyp A_3

Welche Aussage ist falsch?
Mechanismen der Stoffwechselregulation sind

A. Kompetition mehrerer Enzyme um das gleiche Substrat
B. Regulation der Genaktivität durch Induktoren und Repressoren
C. Aktivitätsänderungen von Enzymen durch chemische Modifizierung
D. nur für anabole Stoffwechselwege bekannt
E. negative Rückkopplung durch Produkthemmung

11. Hormonelle Regulation

11.01 11.04
11.02 11.05
11.03   11.   Fragentyp B

Ordnen Sie die in Liste 2 angegebenen Krankheitsbilder oder Zustände den in Liste 1 aufgeführten Blutspiegelverhältnissen richtig zu.

Liste 1

11.01 Blutglucose erniedrigt, keine Acetonkörper

11.02 Blutglucose erniedrigt, Acetonkörper erhöht

11.03 Blutglucose erhöht, Acetonkörper erhöht

11.04 Blutglucose erhöht, keine Acetonkörper

11.05 Blutgalaktose erhöht, Blutglucose erniedrigt

Liste 2

A. Cushingsyndrom
B. Galaktosämie
C. Adenom der β-Zellen
D. Insulinmangeldiabetes
E. Längeres Fasten

11.06 11.09
11.07 11.10
11.08   11.   Fragentyp B

Ordnen Sie die in Liste 2 aufgeführten Krankheitsbilder den in Liste 1 aufgeführten pathologischen Hormon- und Mineralspiegeln richtig zu.

Liste 1

11.06 ACTH erhöht, Cortisol erhöht

11.07 ACTH erhöht, Corticoide erniedrigt

11.08 TSH erhöht, Thyroxin erniedrigt
11.09 Parathormon erhöht, Calcium erniedrigt
11.10 Parathormon erhöht, Calciumspiegel erhöht

Liste 2

A. Nebenschilddrüsentumor
B. Vitamin D-Mangel
C. Primärer Morbus Cushing
D. Kretinismus
E. Morbus Addison

11.11	11.14		
11.12	11.15		
11.13		11.	Fragentyp B

Bei der Überproduktion der in Liste 1 aufgeführten Hormone sind die in Liste 2 genannten Bestimmungsmethoden von diagnostischem Wert. Ordnen Sie die Bestimmungsmethoden den Hormonen richtig zu.

Liste 1

11.11 Schilddrüsenhormon

11.12 Parathormon

11.13 Adrenalin

11.14 Androgene

11.15 Serotonin

Liste 2

A. Bestimmung der 5-Hydroxyindolessigsäure im Harn
B. Bestimmung der 17-Ketosteroide im Harn
C. Bestimmung der alkalischen Phosphatase im Serum
D. Bestimmung der Methoxy-4-hydroxymandelsäure im Harn
E. Bestimmung des proteingebundenen Jods im Blutserum

11.16 11.1 Fragentyp A$_1$

Die Ausschüttung welches der folgenden Hormone wird nicht über das Hypothalamus-HVL-System gesteuert:

A. Adrenalin
B. Cortisol
C. Oestradiol
D. Progesteron
E. Testosteron

11.17 11.1 Fragentyp A$_1$

Für die Freisetzung welchen Hormons gibt es einen Releasing Factor des Hypothalamus?

A. Insulin
B. Adiuretin
C. Parathormon
D. Aldosteron
E. Thyreotropes Hormon

11.18 11.2 Fragentyp A$_1$

Der Vorläufer des Thyroxins ist

A. Tyrosin
B. Tyramin
C. Taurin
D. Tryptamin
E. Tryptophan

11.19 11.2 Fragentyp A$_1$

Welches der folgenden Hormone hat keine Peptidstruktur?

A. 3',3,5,-Trijodthyronin
B. Insulin
C. ACTH
D. Melanocyten-stimulierendes Hormon
E. Choriongonadotropin

11.20   11.2   Fragentyp A₃

Welche Antwort ist falsch?
Die Biosynthese des Schilddrüsenhormons

A. geht von Tyrosinresten des Thyreoglobulins aus
B. erfordert die Aufnahme von Jodid in die Schilddrüse
C. wird durch ACTH reguliert
D. führt zur Bildung von Thyroxin und Trijodthyronin
E. verläuft über die Bildung von Mono- bzw. Trijodtyrosinresten des Thyreoglobulins

11.21   11.2   Fragentyp D

Für Jod treffen folgende Aussagen zu:

1) Der Gesamtjod-Spiegel im Plasma beträgt 6-8 µg/100 ml.
2) Die intestinale Aufnahme erfolgt als elementares Jod.
3) Die Jodierung von Tyrosin erfolgt am Thyreoglobulin.
4) Ein hoher Jodgehalt der Nahrung verursacht eine Kropfbildung.

11.22   11.3   Fragentyp A₁

Bei vermehrter Bildung und Ausschüttung von Parathormon

A. ist die Na^+-Konzentration im Serum erhöht
B. ist die Ca^{2+}-Ausscheidung im Urin erniedrigt
C. ist die Phosphatkonzentration im Serum erhöht
D. ist die Ca^{2+}- und Phosphatausscheidung im Urin erhöht
E. kommt es zur vermehrten Ablagerung von Apatit im Knochen

11.23	11.3	Fragentyp D

Parathormon (Nebenschilddrüsenhormon) bewirkt

1) ein Absinken des Blutphosphatspiegels
2) eine Erhöhung der Phosphatausscheidung mit dem Urin
3) eine Entmineralisierung des Knochens
4) ein Absinken des Blutcalciumspiegels

11.24	11.3	Fragentyp A_1

An der Bluthomöostase des Calciums ist welches der nachfolgenden Hormone beteiligt?

A. Calcitonin   D. Vasopressin
B. Aldosteron   E. Prostaglandin
C. ACTH

11.25	11.3	Fragentyp C

Unter der Wirkung von Thyreocalcitonin kommt es zu einem Anstieg des Blutcalciums,

weil

der Übergang von Calcium aus dem Blut zum Skeletsystem gestört ist.

11.26	11.4	Fragentyp A_1

In welcher der angegebenen senkrechten Spalten ist die Wirkung des Adrenalins zutreffend beschrieben?
(Erläuterung: ↑= erhöht; ↓= erniedrigt; O = unverändert

	A.	B.	C.	D.	E.
Pulsfrequenz	↓	↑	↑	↑	↑
Glucose-Spiegel im Blut	↑	↑	↑	↑	↑
Lactat-Spiegel im Blut	↑	↑	↑	↓	O
Fettsäure-Spiegel im Blut	↓	↓	↑	↑	↑
O_2-Verbrauch des Organismus	O	↑	↑	↑	↑

11.27   11.4   Fragentyp A$_1$

Die Biosynthese von Noradrenalin

A. erfolgt in der Nebennierenrinde
B. verläuft über Homogentisinsäure als Zwischenprodukt
C. erfordert die Hydroxylierung von Tyrosin zu 3,4-Hydroxyphenylalanin (DOPA)
D. ist Cobalamin-abhängig
E. wird durch ACTH stimuliert

11.28   11.4   Fragentyp A$_3$

Welche Antwort ist falsch?
Nach intravenöser Injektion von Adrenalin kommt es beim Menschen zu einem Anstieg des Blutzuckers. Dieser Blutzuckeranstieg

A. ist bedingt durch eine vermehrte Glykogenolyse in der Leber und im Muskel
B. setzt eine Aktivierung der Leber- und Muskelphosphorylase voraus
C. erfolgt unter Mitwirkung einer aktiven Glucose-6-Phosphatase im Muskel
D. erfolgt unter Mitwirkung von cyclischem 3',5'-AMP (Adenosin-3',5'-monophosphat)
E. bleibt bei der Glykogenspeicherkrankheit Typ I (v. Gierke) aus

11.29   11.4   Fragentyp D

Nach Adrenalinausschüttung

1) steigt der Blutspiegel an Glucose
2) steigt der Blutspiegel an freien Fettsäuren
3) steigt der Blutspiegel an Lactat
4) steigt der Glykogengehalt in der Muskulatur

11.30   11.4   Fragentyp A_1

Nach intravenöser Injektion von Adrenalin steigt die Konzentration der freien Fettsäuren im Blutserum an. Dieser Effekt

A. kommt über eine vermehrte Synthese von Fettsäuren in der Leber zustande
B. tritt auch nach Injektion von Glucagon ein
C. kommt über eine verminderte Umwandlung der freien Fettsäuren in Kohlenhydrate zustande
D. ist von einem Anstieg des Glycerin-3-phosphats im Serum begleitet
E. läßt sich durch vorangehende kohlenhydratreiche Nahrung verhindern

11.31   11.5   Fragentyp D

Im Insulin-bedingten hypoglykämischen Schock finden sich folgende charakteristische Blutspiegel:

1) Acetonkörper niedrig
2) Glucose niedrig
3) freie Fettsäuren niedrig
4) Insulin hoch

11.32   11.5   Fragentyp D

Insulinmangel führt in der Leber zu

1) gesteigerter β-Oxidation
2) Begünstigung der Gluconeogenese
3) Bildung von Ketonkörpern
4) vermehrter Triglyceridbildung

11.33   11.5   Fragentyp D

Bei welchen Organen ist die Glucoseaufnahme Insulinabhängig?

1) Muskel
2) Fettgewebe
3) Herz
4) Leber

11.34   11.5   Fragentyp D

Welche Reaktion löst Insulin am Fettgewebe aus?

1) Aktivierung der Lipidsynthese
2) Hemmung der Lipase
3) Steigerung der Glucose-Permeabilität
4) Induktion der Glucokinase

11.35   11.5   Fragentyp D

Bei Insulinmangel

1) ist die Fettsäuresynthese gesteigert
2) kommt es zu einem Anstieg des Acetoacetats im Blutserum
3) kommt es zu einem Abfall des Blutzuckers
4) kommt es zur Ausscheidung von freier Glucose im Harn

11.36   11.5   Fragentyp D

Welche Prozesse laufen beim Insulinmangeldiabetiker im Vergleich zum Gesunden nach Nahrungsaufnahme vermindert ab? (F=Fettgewebe, L=Leber, M=Muskel)

1) Glucose-Aufnahme (F,M)
2) Liponeogenese (F)
3) Glykogensynthese (L)
4) Proteolyse (M)

11.37 11.5 Fragentyp D

Typisch für den Jugenddiabetes ist

1) eine erniedrigte Insulinmenge in den β-Zellen
2) eine Störung der Insulinsekretion der β-Zellen
3) eine Ketoacidose
4) ein extremes Übergewicht

11.38 11.5 Fragentyp D

Welche Substanzen fördern die Insulin-Sekretion aus den β-Zellen der Langerhansschen Inseln?

1) Glucose   3) Sulfonylharnstoffe
2) Biguanide   4) Alloxan

11.39 11.5 Fragentyp A_1

Der hyperglykämische Faktor, der im Pankreas produziert wird, ist

A. Insulin   D. FSH
B. Lipase   E. Kathepsin
C. Glucagon

11.40 11.5 Fragentyp A_1

Glucagon beeinflußt den Kohlenhydratstoffwechsel der Leber durch

A. erhöhte Phosphorylierung der freien Glucose
B. Steigerung des Abbaus von Glykogen
C. Hemmung der Phosphofructokinase
D. Stimulierung der Phosphoglucomutase
E. vermehrte Bereitstellung von UDP-Glucose

11.41 11.5 Fragentyp D

Glucagon

1) bewirkt eine Erhöhung des Blutzuckerspiegels
2) wird in den Inselzellen des Pankreas gebildet
3) ist ein Antagonist des Insulins
4) führt zum Glykogenabbau im Muskel

11.42 11.6 Fragentyp D

Für das Lipotropin trifft zu:

1) Der Bildungsort ist der Hypophysenvorderlappen.
2) Das Erfolgsorgan ist das Fettgewebe.
3) Es fördert die Freisetzung von Fettsäuren aus Triglyceriden.
4) Der Wirkungsmechanismus läuft über cyclisches 3',5'-AMP ab.

11.43 11.6 Fragentyp A_1

Nach Verabfolgung eines Hormons findet man eine Erhöhung des Blutspiegels von Glucose, Lactat und freien Fettsäuren. Welches Hormon wurde verabreicht?

A. Cortisol   D. Adrenalin
B. Glucagon   E. Testosteron
C. STH

11.44 11.6 Fragentyp A_1

Riesenwuchs und Akromegalie sind Folgen der Überproduktion welches der folgenden Hormone?

A. Melatonin   D. FSH
B. ACTH   E. Thyreotropin
C. Somatotropin (STH)

11.45   11.6   Fragentyp A_1

Für die Freisetzung welcher Hormone sind Releasing-Faktoren des Hypothalamus verantwortlich?

A. ACTH
B. FSH
C. LH
D. Prolactin (LTH)
E. Alle unter A-D aufgeführten Hormone

11.46   11.7   Fragentyp A_1

Aldosteron

A. reguliert die Verteilung von Kalium und Phosphat im extracellulären Raum
B. entsteht durch Aldolkondensation von C_{19}- und C_{21}-Steroiden
C. verstärkt die Rückresorption von K^+ und die Sekretion von Na^+ im Nierentubulus
D. gehört zu den 17-Ketosteroiden
E. führt in höheren Dosen zum Kochsalzödem

11.47   11.7   Fragentyp C

Nach Zerstörung der Nebennierenrinde ist der NaCl-Gehalt des Harns erniedrigt,

weil

Aldosteron eine Steigerung der NaCl-Reabsorption in den Nierentubuli bewirkt.

11.48   11.8   Fragentyp D

Androgene

1) führen zu einer Erhöhung der Stickstoffausscheidung im Harn
2) können aus Progesteron synthetisiert werden
3) werden als Testosteronpropionat ausgeschieden
4) besitzen eine proteinanabole Wirkung

11.49 11.8 Fragentyp A$_1$

Welches Hormon wirkt auf die Samenblase und reguliert die Konzentration von Fructose im Sekret?

A. Corticosteron
B. Testosteron
C. Aldosteron
D. Glucagon
E. Pregnandiol

11.50 11.8 Fragentyp D

Im schwangeren Organismus werden einige innersekretorische Organe ergänzt durch Zusatzorgane mit entsprechenden Hormonlieferungen.

1) FSH und LH werden ergänzt durch humanes Choriongonadotropin (HCG).
2) STH wird ergänzt durch Chorionsomatomammotropin.
3) Oestradiol wird zusätzlich geliefert von der Nebennierenrinde des Feten.
4) Thyroxin wird in den Placentarzotten gebildet.

11.51 11.8 Fragentyp A$_1$

Die Androgene werden im Urin überwiegend ausgeschieden als

A. 21-Ketosteroide
B. unveränderte C_{19}-Steroide
C. Glucuronide
D. phenolische Sulfatester
E. 16α-Hydroxy-Verbindung

11.52   11.8   Fragentyp D

Welche der nachfolgenden Hormone können in der Placenta gebildet werden?

1) Progesteron
2) Oestrogene
3) Humanes Choriongonadotropin (HCG)
4) Keines der unter 1 - 3 aufgeführten Hormone

11.53   11.8   Fragentyp A_1

Oestrogene sind charakterisiert durch

A. ein Steroidskelett von 21 C-Atomen
B. das Vorhandensein einer Methylgruppe am C_{10}
C. den aromatischen Charakter des Ringes D
D. durch eine Ketogruppe am C_3
E. Alle Aussagen A-D sind falsch

11.54   11.9   Fragentyp A_1

Der Diabetes insipidus ist durch das Fehlen welches der folgenden Hormone bedingt?

A. Insulin   D. Vasopressin
B. Aldosteron   E. ACTH
C. Ocytocin

11.55   11.10   Fragentyp D

Serotonin

1) ist das biogene Amin des 5-Hydroxytryptophans
2) wird im Zentralnervensystem zum Teil in Vesikeln gespeichert
3) wird im Organismus zu 5-Hydroxyindolessigsäure abgebaut
4) wird durch eine Transaminase in Succinosemialdehyd umgewandelt

11.56　　　　　　　　11.11　　　　　　　Fragentyp A_1

Die Decarboxylierung welcher der nachfolgenden Aminosäuren führt zur Bildung eines biogenen Amins mit gefäßerweiternder Wirkung?

A. Glutaminsäure　　　　D. Asparaginsäure
B. Arginin　　　　　　　E. Valin
C. Histidin

11.57　　　　　　　　11.15　　　　　　　Fragentyp D

Welche Substanzen fördern die Produktion und Abgabe von Pankreassekret?

1) Secretin　　　　　　3) Pankreozymin
2) Enterogastron　　　　4) Gastrin I

11.58　　　　　　　　11.15　　　　　　　Fragentyp A_1

Welches der folgenden Hormone wirkt nicht über eine Beeinflussung der Proteinbiosynthese?

A. Cortisol　　　　　　D. Wachstumshormon
B. ACTH　　　　　　　　E. Thyroxin
C. Gastrin

11.59　　　　　　　　11.15　　　　　　　Fragentyp D

Gastrin

1) stimuliert die HCl-Sekretion des Magens
2) hemmt die HCl-Sekretion des Magens
3) ist ein in der Pylorus-Schleimhaut gebildetes Hormon
4) stimuliert die Sekretion von Pepsinogen

12. Immunchemie

12.01   12.1   Fragentyp A$_1$

Welche der nachfolgenden Zellen ist für zellständige Immunität (z.B. Spätreaktion bei Transplantatabstoßung) verantwortlich?

A. T-Lymphocyten   D. Plasmazellen

B. Monocyten   E. Basophile Granulocyten

C. B-Lymphocyten

12.02   12.05
12.03   12.06
12.04   12.1   Fragentyp B

Ordnen Sie den in Liste 1 gemachten Aussagen die in Liste 2 aufgeführten Substanzen richtig zu.

Liste 1

12.02 werden produziert als Antwort auf die Injektion von fremdem Protein

12.03 sind Antikörper, welche das Verklumpen der Zelle verursachen

12.04 sind Antikörper, welche das Auflösen der Zelle verursachen

12.05 sind abgetötete Viren, die zur aktiven Immunisierung verwendet werden

12.06 sind Antikörper, die als Antwort auf Toxine gebildet werden

Liste 2

A. Agglutinine   D. Antigene

B. Lysine   E. Antikörper

C. Antitoxine

12.07   12.1   Fragentyp A_3

Welche Aussage über Antikörper trifft <u>nicht</u> zu?

A. Antikörper sind Glykoproteine.
B. Antikörper werden als Reaktion auf Antigene gebildet.
C. Antikörper wandern elektrophoretisch als β-Globuline.
D. Antikörper können auch gegen körpereigene Stoffe gebildet werden.
E. T-Lymphocyten bilden zellständige Antikörper.

12.08   12.1   Fragentyp D

Für Antigene trifft zu:

1) Ihr Molekulargewicht ist größer als 10 000.
2) Sie besitzen in der Regel mehrere Bindungsstellen für den Antikörper (polyvalent).
3) Sie können mit Hilfe der Immunelektrophorese identifiziert werden.
4) Ihre antigendeterminante Gruppe wird als Hapten bezeichnet.

12.09   12.1   Fragentyp A_1

Für die immunologische Toleranz trifft zu:

A. Sie wird durch Antikörper ausgelöst.
B. Sie entsteht bei der aktiven Immunisierung.
C. Sie entsteht bei der passiven Immunisierung.
D. Sie entsteht bei Kontakt mit einem Antigen während des Fetallebens.
E. Sie führt zur Bildung von Immunglobulinen der Gruppe IgA.

12.10	12.1	Fragentyp D

Für die humorale Immunität trifft zu:

1) Sie ist eine Funktion der B-Lymphocyten.
2) Sie führt zu einer Sofortreaktion des Immunsystems nach einem zweiten Antigenreiz gleicher Spezifität.
3) Sie erfolgt durch eine Antigen-Antikörper-Reaktion.
4) T-Lymphocyten üben dabei eine Helferfunktion aus.

12.11	12.1	Fragentyp D

Für die Immuntoleranz trifft zu:

1) Sie verleiht dem Fetus Immunität.
2) Sie verhindert eine Immunreaktion mit körpereigenen Molekülen.
3) Sie wird durch maternale Antikörper der IgG-Klasse hervorgerufen.
4) Zur ihr kommt es durch Antigeneinwirkung im fetalen Leben.

12.12	12.2	Fragentyp A_1

Antikörper vom Typ IgG

A. werden als erste Immunglobuline nach einem Antigenreiz gebildet
B. enthalten ein "joining protein"
C. enthalten eine determinante Gruppe
D. enthalten 2 L- und 2 H-Ketten
E. enthalten 2 α- und 2 β-Ketten

12.13	12.2	Fragentyp A_3

Welche Aussage trifft <u>nicht</u> zu?
Die Immunglobuline der Klasse IgG

A. werden von Plasmazellen sezerniert

B. bestehen aus 4 durch Disulfidbrücken miteinander verknüpften Polypeptidketten
C. sind Glykoproteine
D. besitzen 2 Bindungsstellen für das Antigen, gegen das sie gerichtet sind
E. fehlen bei Trägern der Blutgruppe 0

12.14　　　　　　　　12.2　　　　　　Fragentyp A_3

Welche Aussage trifft nicht zu?

A. Immunglobuline der Klasse IgM treten im Serum vermehrt bei Makroglobulinämie auf.
B. Immunglobuline der Klasse IgA enthalten eine "sekretorische Komponente".
C. Immunglobuline enthalten variable und invariable Anteile.
D. Immunglobuline der Klasse IgG enthalten H-Ketten vom µ-Typ.
E. Immunglobuline der Klasse IgG enthalten L-Ketten vom Typ κ oder λ.

12.15　　　　　　　　12.2　　　　　　Fragentyp A_1

Welches Immunglobulin wird beim ersten Kontakt immunkompetenter Zellen mit einem Antigen aus Fremdorganismen als Immunantwort zuerst gebildet?

A. IgG　　　　　　　D. IgM
B. IgA　　　　　　　E. IgD
C. IgE

12.16 12.2 Fragentyp A$_1$

Die sofortige Immunantwort (Antikörperbildung) auf einen Antigenreiz wird durch welche Blutzellen gewährleistet?

A. T-Lymphocyten (Thymocyten)
B. Neutrophile Granulocyten
C. Plasmazellen (transformierte B-Lymphocyten)
D. Mastzellen
E. Monocyten

12.17 12.2 Fragentyp D

Folgende Substanzen führen zu einer partiellen Unterdrückung der Antikörperbildung und sind als immunsuppressive Substanzen wirksam:

1) Glucocorticoide
2) Endopeptidasen
3) Antilymphocytenserum
4) β-Globuline

12.18 12.4 Fragentyp C

Die γ-Globuline des menschlichen Serums lassen sich immunologisch nicht nachweisen,

weil

sie selbst Antikörper sind.

12.19 12.4 Fragentyp C

Die Immunelektrophorese ist ein geeignetes Verfahren zur Identifizierung eines Antigens,

weil

dieses beim Zusammentreffen mit seinem homologen Antikörper präcipitiert.

12.20	12.5	Fragentyp D

Welche der aufgeführten Funktionen treffen für das Immunsystem beim Menschen zu?

1) Es verhindert das Auftreten von Mutationen.
2) Es dient der Erhaltung der biologischen Individualität.
3) Es fördert das Wachstum entdifferenzierter Zellen.
4) Es dient als Abwehrsystem gegen Erreger und Fremdstoffe.

12.21	12.5	Fragentyp A_3

Welche Aussage trifft nicht zu?

A. Bei Allergien treten vermehrt Immunglobuline der Klasse IgE auf.
B. Eine humorale Infektabwehr wird durch Plasmazellen gewährleistet.
C. An der Abstoßung von Organtransplantaten sind T-Lymphocyten beteiligt.
D. Bei der congenitalen Agammaglobulinämie fehlen alle Immunglobulinklassen.
E. Eine aktive Immunisierung wird durch immunsuppressive Substanzen erreicht.

12.22	12.5	Fragentyp A_1

Der Polysaccharid-Anteil der Blutgruppenmerkmale enthält welchen der nachfolgenden Desoxyzucker?

A. 2-desoxy-D-ribose
B. 6-Desoxy-L-mannose (L-Rhamnose)
C. L-Fucose (6-Desoxy-L-galaktose)
D. 2-Desoxy-L-glucose
E. 2-Desoxy-D-glucose

12.23   12.5   Fragentyp A$_1$

Die antigendeterminante Gruppe für die Blutgruppensubstanzen A, B und H in der Erythrocytenmembran
ist/sind:

A. Neuraminsäure
B. Galaktose und Fucose enthaltende Oligosaccharide
C. Phosphatidylcholin
D. Cyclische Peptide
E. Lipoproteine

12.24   12.5   Fragentyp D

Blutgruppensubstanzen

1) sind Glykoproteine bzw. Glykolipide
2) enthalten Kohlenhydrate als determinante antigene
   Gruppe
3) können auch im Speichel und anderen Sekreten gefunden
   werden
4) fehlen bei Trägern der Blutgruppe O

13. Vitamine und Coenzyme

13.01 13.04
13.02 13.05
13.03   13.1   Fragentyp B

Der Mangel der in Liste 2 aufgeführten Vitamine führt zu den in Liste 1 angegebenen Erkrankungen. Bitte ordnen Sie die Vitamine den Erkrankungen richtig zu.

Liste 1   Liste 2

13.01 Pellagra   A. Ascorbinsäure

13.02 Rachitis   B. Thiamin

13.03 Perniziöse Anämie   C. Niacin

13.04 Skorbut   D. Cobalamin

13.05 Beri-Beri   E. Calciferol

13.06   13.1   Fragentyp D

Welche der aufgeführten Vitamine gehören zu den wasserlöslichen Vitaminen?

1) Nicotinamid

2) Retinol

3) Folsäure

4) Calciferol

13.07   13.1   Fragentyp D

Welche der aufgeführten Vitamine gehören zu den lipidlöslichen Vitaminen?

1) Riboflavin   3) Cobalamin

2) Tocopherol   4) Phyllochinon

13.08 13.1 Fragentyp A₁

Welches der folgenden Ringsysteme kann im menschlichen Organismus nicht gebildet werden?

A. Der Purinring
B. Der Pyrimidinring
C. Der Pyridinring
D. Das Porphyringerüst
E. Das Steranskelet

13.09 13.12
13.10
13.11 13.1 Fragentyp B

Ordnen Sie den in Liste 1 angegebenen Vitaminen die Mengen des normalen Tagesbedarfs des Menschen in Liste 2 richtig zu.

Liste 1

13.09 Thiamin
13.10 Ascorbinsäure
13.11 Cobalamin
13.12 Retinol

Liste 2

A. 400 IE
B. 5000 IE
C. $2,5 - 5$ µg
D. 70 mg
E. $1 - 2$ mg

13.13 13.16
13.14 13.17
13.15 13.1 Fragentyp B

Ordnen Sie den mit ihrer Strukturformel wiedergegebenen Verbindungen die in Liste 1 an ihrer Biosynthese unmittelbar beteiligten Coenzyme oder Cofaktoren in Liste 2 richtig zu.

Liste 1

13.13
H_2C-OH
$HO-CH$
$H_2C-O-\textcircled{P}$

13.14
$HOOC-CH_2-\underset{OH}{\underset{|}{\overset{CH_3}{\overset{|}{C}}}}-CH_2-CH_2OH$

13.15
OH
(Phenylring)
CH_2
$HC-NH_2$
$COOH$

13.16

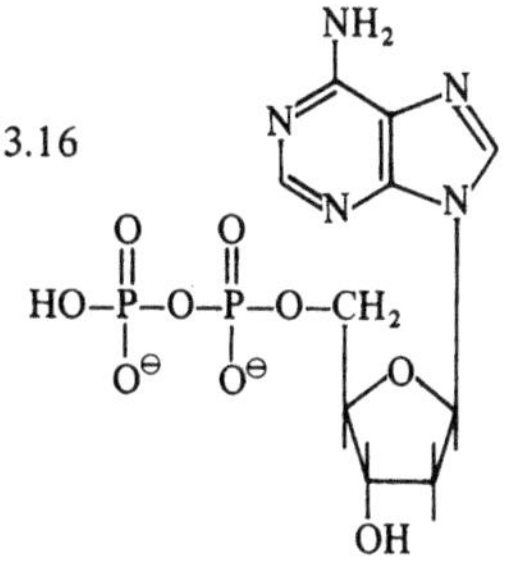

[Structure: Adenosine diphosphate-like molecule with adenine, ribose (with OH), and diphosphate group]

13.17

COOH
|
CH₂
|
CH₂
|
C=O
|
[CoA]

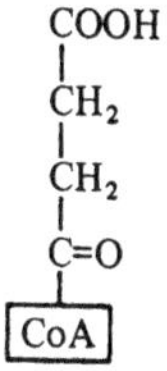

Liste 2

A. NADH$_2$
B. NADPH$_2$
C. Tetrahydrobiopterin
D. Thioredoxin
E. Liponsäure

13.18   13.21
13.19   13.22
13.20   13.1   Fragentyp B

Ordnen Sie den in Liste 1 genannten Vitaminen die in Liste 2 genannten Coenzymfunktionen richtig zu.

Liste 1   **Liste 2**

13.18 Pyridoxin   A. Bindung eines aktiven Aldehyds

13.19 Biotin   B. Acylgruppentransfer

13.20 Pantothensäure   C. Methylgruppentransfer

13.21 Thiamin   D. Decarboxylierung

13.22 Folsäure   E. Carboxylgruppentransfer

13.23	13.1	Fragentyp D

Für die Liponsäure trifft zu:

1) Sie ist eine schwefelhaltige Carbonsäure.
2) Sie ist an der Bindung und Übertragung von Acylgruppen und Wasserstoff beteiligt.
3) Sie ist ein kovalent gebundenes Coenzym bei der oxidativen Decarboxylierung von α-Ketosäuren.
4) Sie ist als Cofaktor bei der oxidativen Desaminierung beteiligt.

13.24 13.27		
13.25 13.28		
13.26	13.1	Fragentyp B

Ordnen Sie den Namen der Vitamine in Liste 1 jeweils die richtigen Strukturformeln in Liste 2 zu.

Liste 1

13.24 Riboflavin (Vitamin B_2)

13.25 Thiamin (Vitamin B_1)

13.26 Biotin (Vitamin H)

13.27 Folsäure

13.28 Nicotinamid

Liste 2

A. [Folsäure structure: pteridine ring with OH, H₂N substituents, N₅, N₁₀, CH₂, NH, linked to p-aminobenzoyl-glutamate]

B. [Thiaminpyrophosphat structure: pyrimidine with H₃C, NH₂ linked via CH₂ to thiazolium ring with CH₃ and CH₂–CH₂OH]

C. [Riboflavin structure: isoalloxazine with H₃C, H₃C substituents and ribitol side chain CH₂–HCOH–HCOH–HCOH–H₂COH]

D. [Nicotinamide structure: pyridine with C(=O)–NH₂]

E. [Biotin structure: ureido-thiophane ring with valeric acid side chain –COOH]

13.29 13.32
13.30 13.33
13.31   13.1   Fragentyp B

Den in Liste 1 genannten Stoffwechselreaktionen sind
die in Liste 2 genannten Coenzyme zuzuordnen.

Liste 1

13.29 Glykolyse

13.30 Formyltransfer

13.31 Fettsynthese

13.32 Oxidative Decarboxylierung

13.33 CO_2-Aktivität

Liste 2

A. NAD

B. HSCoA

C. Thiaminpyrophosphat

D. Biotin

E. Folsäure

13.34 13.2 Fragentyp A₁

Thiaminpyrophosphat ist als Coenzym bei welcher der folgenden Reaktionen beteiligt?

A. Decarboxylierung von β-Ketosäuren
B. Transketolase-Reaktion
C. Transaminierungen
D. Decarboxylierung von α-Aminosäuren zu biogenen Aminen
E. Biosynthese des Adrenalins

13.35 13.3 Fragentyp A₁

FAD enthält welche der folgenden Bausteine?

A. Riboflavin, Adenin, zwei Ribosen, zwei Phosphatreste
B. Riboflavin, Adenin, Ribose, zwei Phosphatreste
C. Riboflavin, Adenin, Ribit, Ribose, zwei Phosphatreste
D. Folsäure, Adenin, zwei Ribosen, zwei Phosphatreste
E. Riboflavin, Adenin, Ribose, drei Phosphatreste

13.36 13.3 Fragentyp A₁

Welche der folgenden Avitaminosen tritt beim Fehlen von Vitamin B₂ (Riboflavin) auf?

A. Rachitis
B. Pellagra
C. Beri-Beri
D. Perniziöse Anämie
E. Keine der genannten Avitaminosen

13.37 13.3 Fragentyp D

FAD- bzw. FMN-abhängige Reaktionen sind:

1) Glutaminsäure ⟶ α-Ketoglutarsäure + NH_3
2) Succinat ⟶ Fumarat

3) Isocitrat → α-Ketoglutarat
4) Glucose → Gluconolacton

13.38	13.4	Fragentyp D

Für Nicotinsäureamid (Niacinamid) treffen folgende Feststellungen zu:

1) Es ist ein Baustein von wasserstoffübertragenden Coenzymen.
2) Es kann im tierischen Organismus aus Tryptophan entstehen.
3) Ein Nicotinsäureamidmangel führt zu Pellagra.
4) Ein Nicotinsäureamidmangel führt zu Beri-Beri.

13.39	13.5	Fragentyp A_1

Welches der folgenden Enzyme enthält Biotin als prosthetische Gruppe bzw. Coenzym?

A. Phosphoenolpyruvatcarboxykinase
B. Pyruvatcarboxylase
C. Pyruvatdehydrogenase
D. Pyruvatdecarboxylase
E. Malatenzym

13.40	13.6	Fragentyp D

Pyridoxalphosphat

1) ist Coenzym der Glutamatpyruvat-Transaminase
2) ist notwendig für die Bildung von γ-Aminobuttersäure
3) wird aus Pyridoxal durch eine spezifische Kinase gebildet
4) ist Coenzym der Glutamatdehydrogenase

13.41 13.6 Fragentyp A_1

Welcher Enzymausfall ist bei Pyridoxinmangel (Vitamin B_6-Mangel) zu erwarten?

A. Pyruvatdehydrogenase
B. Transaminasen
C. Transketolase
D. Phosphorylase
E. Acetyl-CoA-Carboxylase

13.42 13.7 Fragentyp A_1

Welches der aufgeführten Vitamine ist Baustein von Coenzym A?

A. Nicotinsäure
B. Biotin
C. Thiamin
D. Pantothensäure
E. Pyridoxin

13.43 13.7 Fragentyp A_1

Bei der oxidativen Decarboxylierung von α-Ketosäuren ist als Coenzym beteiligt

A. Pyridoxal-5-phosphat
B. NADP
C. Biotin
D. Coenzym A
E. Alle Antworten A-D sind richtig

13.44 13.8 Fragentyp A_1

Bei der Biosynthese von dTMP aus dUMP dient welches Coenzym als Methylgruppendonator?

A. S-Adenosylmethionin
B. Biotin
C. N^5, N^{10}-Methylentetrahydrofolsäure
D. CDP-Cholin
E. Desoxyadenosylcobalamin

13.45 13.8 Fragentyp C

Aminopterin und Amethopterin hemmen die Purinbiosynthese,

weil

sie die Dihydrofolsäure-Reductase hemmen.

13.46 13.8 Fragentyp A_1

In der Folsäure ist ein heterocyclischer Ring vorhanden.
Dieser gehört in die Stoffklasse

A. der Purine D. der Pyridine
B. der Steroide E. der Carotinoide
C. der Pteridine

13.47 13.8 Fragentyp D

Für Folsäure trifft zu:

1) Sie enthält als Baustein einen p-Aminobenzoesäurerest.
2) Sie enthält als funktionelle Gruppe einen Isoalloxazinrest.
3) Ihre Synthese in Mikroorganismen wird durch Sulfonamide gehemmt.
4) Sie enthält als Baustein Glutathion.

13.48 13.9 Fragentyp D

Eine megalocytäre Anämie (Megaloblastenanämie) tritt bei Mangel an welchen der aufgeführten Vitamine auf?

1) Thiamin 3) Riboflavin
2) Folsäure 4) Cobalamin

13.49 13.9 Fragentyp A$_1$

Die Injektion von Vitamin B$_{12}$ bei Patienten mit perniziöser Anämie beseitigt

A. den Mangel an Intrinsic-Faktor
B. den Mangel an Extrinsic-Faktor
C. die HCl-Überproduktion
D. den Folsäure-Mangel
E. den Porphyrinmangel

13.50 13.9 Fragentyp D

Vitamin B$_{12}$ wirkt im tierischen Organismus bei welcher der folgenden Reaktionen mit?

1) Umwandlung von Methylmalonyl-CoA zu Succinyl-CoA
2) Biosynthese von Gastrin
3) Umwandlung von Ribonucleotiden zu Desoxyribonucleotiden
4) Biosynthese des Häms

13.51 13.9 Fragentyp A$_1$

Welche Funktion hat der Intrinsic-Faktor?

A. Er fördert die Resorption von Vitamin B$_{12}$.
B. Er fördert die Bildung von Pepsin aus Pepsinogen.
C. Er stimuliert die Sekretion der Gallenflüssigkeit.
D. Er fördert die Calcium-Resorption.
E. Er fördert die Magensaftsekretion.

13.52 13.9 Fragentyp D

Cobalamin (Vitamin B$_{12}$)

1) enthält einen Corrinring
2) ist am enzymatischen Transfer einer Methylgruppe auf Homocystein beteiligt

3) ist Coenzym der Ribonucleosiddiphosphat-Reductase
4) ist Coenzym der Reaktion Methylmalonyl-CoA $\rightleftharpoons$ Succinyl-CoA.

13.53　　　　　　　　13.10　　　　　　　Fragentyp A_3

Welche Antwort ist <u>falsch</u>?
Ascorbinsäure (Vitamin C)

A. wird von Pflanzen und Tieren aus D-Glucose synthetisiert
B. ist ein Reduktionsmittel
C. ist Cosubstrat hydroxylierender Enzyme
D. wird vom Menschen in einer Menge von 1 - 2 mg/Tag benötigt
E. kann zur Behandlung der Methämoglobinvergiftung benutzt werden

13.54　　　　　　　　13.10　　　　　　　Fragentyp D

Ascorbinsäure ist ein Wasserstoffdonator bei der

1) enzymatischen Hydroxylierungsreaktion von Steroiden
2) Reaktion der Protokollagen-Hydroxylase
3) Biosynthese des Noradrenalins
4) Tetrahydrofolsäuresynthese

13.55　　　　　　　　13.10　　　　　　　Fragentyp C

Ascorbinsäure ist für Mensch, Affe und Meerschweinchen ein Vitamin,

<u>weil</u>

bei der Biosynthese von Kollagen Ascorbinsäure benötigt wird.

13.56 13.11 Fragentyp A$_1$

Zu welcher chemischen Stoffklasse gehört das Vitamin A?

A. Porphyrine
B. Steroide
C. Substituierte Pyridine
D. Pteridinderivate
E. Isoprenoidlipide

13.57 13.11 Fragentyp A$_3$

Welche Antwort ist <u>falsch</u>?
Vitamin A

A. ist als Retinol/Retinal-System beteiligt am Sehvorgang in Stäbchen- und Zapfenzellen
B. wird in der Dunkelreaktion von dem all-trans-Retinal in das 11-cis-Retinal umgewandelt
C. kann aus Carotinoiden in der Leber gebildet werden
D. bedarf zur Resorption Gallensäuren
E. kommt als all-trans-Retinol in Pflanzen (Karotten, Paprika) vor

13.58 13.11 Fragentyp A$_1$

Die biochemische Bedeutung der Carotinoide liegt in ihrer Umwandlung zu

A. Folsäure
B. Mevalonsäure
C. Vitamin A
D. Ubichinon
E. Vitamin D

13.59 13.11 Fragentyp A$_1$

Welches der folgenden Vitamine ist am Sehvorgang direkt beteiligt?

A. Vitamin D
B. Vitamin B$_1$
C. Vitamin C
D. Vitamin E
E. Vitamin A

13.60   13.12   Fragentyp A$_3$

Welche Antwort ist <u>falsch</u>?
Vitamin D$_3$

A. verhütet beim Menschen Rachitis

B. kann vom menschlichen Organismus aus Cholesterin synthetisiert werden

C. fördert die intestinale Resorption von Calcium und Phosphat

D. wird auch als Calcitonin bezeichnet

E. ist reichlich im Fischlebertran enthalten

13.61   13.12   Fragentyp D

Für Vitamin D trifft zu, daß es

1) identisch ist mit Calciferol
2) nach Hydroxylierung die Resorption von CA^{2+}-Ionen im Darm fördert
3) durch UV-Bestrahlung aus 7-Dehydrocholesterin entstehen kann
4) im Mangelzustand zu einer Erhöhung der Aktivität der alkalischen Phosphatase im Serum kommt

13.62   13.12   Fragentyp D

Das 1,25-Hydroxycholecalciferol

1) ist ein stoffwechselinaktives Abbauprodukt von Vitamin D
2) wird durch eine spezifische Hydroxylase des Körpers gebildet
3) entsteht durch UV-Einwirkung aus Vitamin D
4) ist das wirksame Derivat des Vitamin D für die Resorption von Calcium aus dem Darm

13.63	13.12	Fragentyp D

Bei einer Calciferol-Hypervitaminose kommt es

1) zur vermehrten Ausscheidung von Calcium und Phosphat im Harn
2) zur Erhöhung des Calciumspiegels im Blut
3) zur Erhöhung des Phosphatspiegels im Blut
4) zur Ablagerung von mobilisiertem Calcium in der Niere und in den Blutgefäßen

13.64	13.13	Fragentyp D

Der Phyllochinonbedarf des Menschen

1) muß durch pflanzliche Nahrung gedeckt werden
2) ist bei Patienten mit hämorrhagischer Diathese (Blutungsneigung) geringer
3) ist bei Patienten mit Thromboseneigung erhöht
4) kann durch die Vitamin K_2-Synthese der Darmbakterien gedeckt werden

13.65	13.14	Fragentyp D

Der experimentelle Vitamin E-Mangel führt bei der Ratte

1) zu Muskeldystrophie
2) zu erhöhter Kreatinausscheidung
3) zur Konzeptionssterilität
4) zur Ceroidablagerung (Pigmentablagerung) in den Muskelzellen

14. Ernährung und Verdauung

14.01	14.04		
14.02	14.05		
14.03		14.1	Fragentyp B

Ordnen Sie den in Liste 1 angeführten Nahrungsmitteln (100g) die in Liste 2 angegebenen Nährstoffgehalte richtig zu.

Liste 1

14.01 Ei

14.02 Vollmilch

14.03 Fisch

14.04 Brot

14.05 Kartoffeln

Liste 2

A. 15 - 25 g Eiweiß

B.   12 g Eiweiß

C.   20 g Kohlenhydrate

D.   4 g Fett

E.   50 g Kohlenhydrate

14.06	14.09		
14.07	14.10		
14.08		14.1	Fragentyp B

Ordnen Sie den in Liste 1 angegebenen Nährstoffen die in Liste 2 aufgeführten Mengenangaben für die erwünschte tägliche Nahrungszufuhr des Erwachsenen zu.

Liste 1

14.06 Kohlenhydrate

14.07 Fett

14.08 Eiweiß

14.09 Eisen

14.10 Calcium

Liste 2

A. 350 - 450 g

B. 70 - 80 g

C. 10 - 15 mg

D. 0,5 - 1 g

14.11 14.14
14.12 14.15
14.13   14.1   Fragentyp B

Ordnen Sie den in Liste 1 angegebenen Stoffwechselgrößen die in Liste 2 aufgeführten numerischen Werte richtig zu.

Liste 1

14.11 Respiratorischer Quotient der Fettverbrennung

14.12 Grundumsatz einer 30jährigen Frau

14.13 Physiologischer Brennwert von Eiweiß

14.14 Isodyname Menge Fett für 1 g Eiweiß

14.15 Physikalischer Brennwert von Fett

Liste 2

A. 17,2 kJ/g (4,1 kcal/g)

B. 0,7

C. 6276 kJ/24 Std (1500 kcal/24 Std)

D. 39,3 kJ/g (9,4 kcal/g)

E. 0,44 g

14.16   14.1   Fragentyp A_1

Wie hoch ist der Energiegehalt oder der Brennwert von Lipiden?

A. 17,2 kJ/g (4,1 kcal/g)

B. 23,4 kJ/g (5,6 kcal/g)

C. 36,8 kJ/g (7,1 kcal/g)

D. 38,9 kJ/g (9,3 kcal/g)

E. 43,9 kJ/g (10,5 kcal/g)

14.17   14.1   Fragentyp A_1

Als spezifisch-dynamische Wirkung bezeichnet man

A. die Erhöhung des Grundumsatzes durch Zufuhr von Thyroxin

B. die Erhöhung des Grundumsatzes durch Zufuhr proteinreicher Nahrung

C. eine Steigerung der Sauerstoffaufnahme ohne vermehrte ATP-Bildung
D. eine Verbesserung der Nahrungsausnutzung durch Training
E. Alle Antworten A-D sind richtig

14.18   14.1   Fragentyp D

Welche der nachfolgenden Reaktionen ergeben einen respiratorischen Quotienten

$$RQ = \frac{V_{CO_2}}{V_{O_2}} \text{ von } 1?$$

1) Die vollständige Verbrennung von Palmitinsäure zu CO_2 und H_2O.
2) Die vollständige Verbrennung von Milchsäure zu CO_2 und H_2O.
3) Die vollständige Verbrennung von Valin zu CO_2, H_2O und NH_3.
4) Die vollständige Verbrennung von Fructose zu CO_2 und H_2O.

14.19   14.1   Fragentyp A_1

Der tägliche Joulebedarf (Calorienbedarf) verteilt sich prozentual auf die Hauptnährstoffe am günstigsten wie folgt:

A. Kohlenhydrate 80%, Eiweiß 15%, Fett 5%
B. "   60%, "   30%, "   10%
C. "   40%   "   40%   "   20%
D. "   55%   "   15%   "   30%
E. "   40%   "   10%   "   50%

14.20   14.1   Fragentyp D

Oxidationswasser (endogenes Wasser)

1) entsteht bei der hydrolytischen Spaltung von Triglyceriden
2) entsteht beim oxidativen Abbau der Nahrungssubstrate im Zellstoffwechsel
3) entspricht der Menge an Hydratationswasser der Makromoleküle im Körper
4) entsteht zum größten Teil in der Atmungskette

14.21   14.1   Fragentyp D

Bei der Aufstellung einer Wasserbilanz müssen berücksichtigt werden

1) die tägliche Bildung des Oxidationswassers
2) das effektive hydrodynamische Volumen
3) der Wassergehalt fester Speisen
4) der Hämatokritwert des Blutes

14.22   14.1   Fragentyp D

Welche Aminosäuren sind für den erwachsenen Menschen essentiell?

1) Lysin   3) Threonin
2) Phenylalanin   4) Tyrosin

14.23   14.1   Fragentyp A_1

Essentielle Aminosäuren:

A. sind nur in tierischen Nahrungsmitteln enthalten
B. sind solche, die das aktive Zentrum der Enzyme aufbauen
C. heißen deshalb so, weil sie für die Proteinsynthese notwendig sind
D. sind für den Stoffwechsel der Zelle von größerer Bedeutung als die übrigen Aminosäuren

E. müssen mit der Nahrung zugeführt werden, da sie vom
   Körper nicht vollständig oder nicht in genügender
   Menge synthetisiert werden können

14.24   14.1   Fragentyp A$_1$

Essentielle Aminosäuren

A. können beim Säugetier in der Niere, aber nicht in
   anderen Geweben gebildet werden
B. können beim Säugetier aus Mangel an α-Ketosäuren
   oder Enzymen nicht gebildet werden
C. sind nur während des Wachstums notwendig
D. sind vorwiegend in pflanzlichen Proteinen enthalten
E. sind Aminosäuren, die 2 Aminogruppen besitzen

14.25   14.1   Fragentyp D

Welche der aufgeführten Aminosäuren sind für die Ratte
essentiell?

1) Leucin   3) Threonin
2) Valin   4) β-Alanin

14.26 14.29
14.27 14.30
14.28   14.2   Fragentyp B

Ordnen Sie den in Liste 1 genannten Angaben die in
Liste 2 aufgeführten Mengen richtig zu.

Liste 1

14.26 Wünschenswerte tägliche Eiweißzufuhr mit der
      Nahrung (beim Erwachsenen) pro kg Körpergewicht

14.27 Proteingehalt pro 1 l Serum

14.28 Normaler Glucosegehalt pro 1 l Blut

14.29 Durchschnittliche Harnstoff-Ausscheidung pro Tag

14.30 Normaler Hämoglobingehalt pro 1 l Blut bei Frauen

Liste 2

A. 7,5 - 10 mmol (120 - 160g)
B. 20 - 25 g
C. 3,3 - 5,5 mmol (600 - 1000 mg)
D. 60 - 80 g
E. 1   - 1,5 g

14.31   14.2   Fragentyp A_1

Bei der negativen Stickstoffbilanz des Menschen

A. ist die Aufnahme an Nahrungsstickstoff größer als
   die Stickstoffausscheidung
B. ist der Urin Stickstoff-frei
C. findet eine de novo-Synthese von Proteinen (Gewebs-
   neubildung, Wachstum) statt
D. ist die Stickstoffausscheidung größer als die Stick-
   stoffaufnahme
E. geht die Harnsäureausscheidung auf Null zurück

14.32   14.2   Fragentyp A_1

Die biologische Wertigkeit eines Proteins wird vorwiegend bestimmt durch

A. die Zahl der sauren und basischen Gruppen
B. die Tertiärstruktur (Konformation)
C. das Molekulargewicht
D. den Gehalt an essentiellen Aminosäuren
E. den Gehalt an Arginin und Histidin

14.33 14.2 Fragentyp A_1

Welches Paar der unten angeführten essentiellen Aminosäuren limitiert in praxi in erster Linie die biologische Wertigkeit eines Proteins?

A. Threonin und Histidin
B. Isoleucin und Leucin
C. Tryptophan und Valin
D. Methionin und Lysin
E. Leucin und Threonin

14.34 14.3 Fragentyp A_1

Für den gesunden Erwachsenen ist die Mindestzufuhr an Kohlenhydraten (g/Tag) zur Verhinderung einer Ketoacidose:

A. 22   D. 200
B. 55   E. 450
C. 100

14.35 14.3, 14.5 Fragentyp D

Für das absolute N-Minimum der Ausscheidung trifft zu:

1) Der im Harn ausgeschiedene Stickstoff liegt im wesentlichen als Harnsäure und Kreatinin vor.
2) Es beträgt bei allen untersuchten Species ca. 0,48 mgN pro kJ (2 mg N pro kcal) Grundumsatz.
3) Es wird bestimmt nach länger dauernder, energetisch ausreichender, N-freier Ernährung.
4) Es entspricht dem Minimalbedarf an Eiweiß.

14.36   14.3   Fragentyp D

Welche der aufgeführten Kohlenhydrate können unverändert vom Darm resorbiert und an das Blut abgegeben werden?

1) D-Xylose   3) Glucose
2) Maltose   4) Lactose

14.37   14.4   Fragentyp D

Essentielle Fettsäuren

1) enthalten zwei oder mehr Doppelbindungen
2) sind Linol- und Linolensäure
3) haben Doppelbindungen in all-cis-Konfiguration
4) haben Bedeutung für den Aufbau von Membranen

14.38   14.4   Fragentyp A_3

Welche Antwort ist <u>falsch</u>? Cholesterin

A. wird nur mit tierischer Nahrung aufgenommen
B. wird täglich in einer Menge von 10-20 g resorbiert
C. wird endogen in einer Menge von 0,4-1,2 g synthetisiert
D. ist Ausgangsstoff für die Biosynthese von Calciferol
E. kommt im Serum normalerweise in einer Konzentration von 150-250 mg/100 ml vor

14.39   14.5   Fragentyp A_1

Eine Minimaldiät von ca. 600 kcal (2508 kJ) zur Behandlung einer Adipositas soll am besten aus folgendem Nährstoffgemisch bestehen:

A. 10 g hochwert. Eiweiß, 20 g Öl, 85 g Kohlenhydrate
B. 100 g   "   "   10 g "   25 g "
C. 40 g   "   "   2 g   100 g "
D. 15 g   "   "   2 g " 200 g "
E. 90 g   "   "   10 g "   10 g "

14.40   14.5   Fragentyp C

Bei vollständigem Nahrungsentzug (Hunger) kommt es zum Absinken des respiratorischen Quotienten auf etwa 0,8,

weil

der Organismus infolge Mobilisation der Depotglyceride und Erhöhung der Gluconeogenese vorzugsweise Fettsäuren und Aminosäuren verstoffwechselt.

14.41   14.5   Fragentyp A_3

Welche Aussage trifft nicht zu?

Bei kohlenhydratfreier Ernährung

A. werden vermehrt glucoplastische Aminosäuren für die Gluconeogenese herangezogen
B. werden vermehrt Ketonkörper synthetisiert
C. werden verstärkt Fettsäuren zur Energiegewinnung herangezogen
D. sinkt der Glykogengehalt der Leber
E. wird zur Aufrechterhaltung eines konstanten Blutzuckerspiegels Glucose aus Acetyl-CoA gebildet

14.42   14.5   Fragentyp A_1

Durch Bestimmung welches Metaboliten im Harn läßt sich feststellen, ob der Patient die Nulldiät einhält oder ob er mogelt?

A. Glucose   D. Harnsäure
B. Leucin   E. Kreatinin
C. β-Hydroxybutyrat

14.43   14.5   Fragentyp D

Welche der angegebenen Umsatzzahlen pro 24 Std treffen angenähert für die Situation "längeres Fasten" (Nulldiät) bei einem Erwachsenen zu?

1) 400 g Glucose
2) 150 g Triglyceride
3) 200 g Protein
4) 60 g Ketonkörper

14.44 14.47
14.45 14.48
14.46   14.5   Fragentyp B

Geben Sie für die in Liste 1 genannten Organe an, welche der in Liste 2 aufgeführten Substanzen in ihnen gebildet bzw. freigesetzt werden.

Liste 1

14.44 Leber (Hungerphase)
14.45 Fettgewebe (Hungerphase)
14.46 Muskel (Hungerphase, Ruhe)
14.47 Niere (in jeder Phase)
14.48 Erythrocyt (in jeder Phase)

Liste 2

A. Fettsäuren
B. Glucose
C. Aminosäuren
D. Ammoniak
E. Lactat

14.49   14.6   Fragentyp D

Im Rahmen der Lipidverdauung können folgende Verbindungen als Fettemulgatoren wirken:

1) Gallensäuren
2) Cholesterin
3) Monoglyceride
4) Gallenfarbstoffe

14.50   14.6   Fragentyp D

Für Mucine trifft zu:

1) Sie bestehen aus einer Mischung saurer Mucopolysaccharide.
2) Ihr Gehalt an hochmolekularen Glykoproteinen bedingt ihre hohe Viscosität.

3) Sie fördern die Resorption von Lipiden.
4) Sie dienen zum Schutz gegen Selbstverdauung und als Gleitmittel.

14.51 14.6 Fragentyp D

Für Proteasen trifft zu:

1) Pepsin spaltet vorzugsweise Peptidbindungen, an denen Phenylalanin und Tyrosin beteiligt sind.
2) Trypsin spaltet Peptidbindungen, an denen die Carboxylgruppen von Lysin und Arginin beteiligt sind.
3) Carboxypeptidase B spaltet C-terminale basische Aminosäuren spezifisch.
4) Die Spaltung der Oligopeptide ist eine Funktion der Mucosazelle.

14.52 14.6 Fragentyp D

Für Chymosin (Rennin) trifft zu:

1) Das pH-Optimum liegt bei 4.
2) Casein wird in unlösliche Calciumsalze übergeführt.
3) Es hydrolysiert Phosphoamidbindungen des Caseins.
4) Es dient der Eiweißverdauung des Säuglings durch Coagulation des Milcheiweißes.

14.53 14.6 Fragentyp D

Proteinverdauung:

1) Im Magen werden Proteine durch Pepsin weitgehend in Aminosäuren und Oligopeptide gespalten.
2) Die Carboxypeptidasen A und B spalten Protein und Polypeptide im Inneren der Kette.
3) Dipeptidasen werden in inaktiver Form vom Pankreas sezerniert.
4) Ein genetisch bedingter Ausfall an Enteropeptidase (Enterokinase) in der Dünndarmmucosa verhindert die Aktivierung der Zymogene der Pankreasproteinase.

14.54   14.6   Fragentyp D

Das Pankreas sezerniert

1) Nucleosidasen   3) α-Glucosidase
2) Ribonuclease   4) Trypsinogen

14.55   14.6   Fragentyp A_1

Die Pankreas-Amylase

A. ist eine spezifisch auf α-glykosidische Bindungen wirkende Exoglykosidase
B. baut Maltose zu 2 Glucosemolekülen ab
C. liefert bei der Einwirkung auf ihre natürlichen Substrate Glucose-1-phosphat als Reaktionsprodukt
D. ist eine auf α-glykosidische Bindungen wirkende Endoglucosidase
E. ist in der klinischen Chemie für die Leberfunktionsdiagnostik von Bedeutung

14.56   14.6   Fragentyp A_1

Die Pankreaslipase wirkt als

A. Enoylhydratase   D. β-Ketothiolase
B. Esterase   E. Dehydrogenase
C. Carboanhydrase

14.57   14.6   Fragentyp A_1

Welche Antwort ist richtig?

A. Carboxypeptidase A aktiviert α-Chymotrypsinogen.
B. Trypsin spaltet Peptidbindungen, an denen eine basische Aminosäure beteiligt ist.
C. Das pH-Optimum des Trypsins liegt zwischen pH 4 und 5.
D. Carboxypeptidase B spaltet basische Aminosäuren vom Aminoende eines Proteins oder Peptids ab.

E. Chymosin ist die physiologische Vorstufe des Chymotrypsins.

14.58 14.6 Fragentyp C

Gastrin wird im Magen gebildet,

weil

es die HCl-Sekretion hemmt.

14.59 14.62
14.60 14.63
14.61 14.6 Fragentyp E

In dem schematisch dargestellten Nonapeptid sind die Spaltungsorte der Enzyme A - E eingezeichnet. Ordnen Sie diese den in der Liste genannten Enzymnamen richtig zu.

$\boxed{A}$ $\boxed{B}$ $\boxed{C}$ $\boxed{D}$ $\boxed{E}$
Val ↓ Glu ↓ Tyr - Gly - Phe ↓ Ala - Arg ↓ Gly ↓ Leu
N-terminal   C-terminal

Liste

14.59 Trypsin

14.60 Pepsin

14.61 Chymotrypsin

14.62 Carboxypeptidase

14.63 Leucinaminopeptidase

14.64 14.6 Fragentyp D

Welche der nachfolgenden Proteine enstehen aus intracellulär vorgebildeten Proenzymen (Zymogenen)?

1) Chymotrypsin   3) Carboxypeptidase A
2) Phosphorylase   4) Tropokollagen

14.65 14.6 Fragentyp C

Pepsin baut Eiweiß praktisch nur bis zu Peptonen ab,

weil

es im Duodenum durch Gallensäuren inaktiviert wird.

14.66 14.6 Fragentyp A_1

Welches der nachfolgenden Kohlenhydrate-spaltenden Enzyme wird im Pankreas gebildet?

A. Saccharase
B. Amylase
C. Maltase
D. Cellulase
E. β-Glucosidase

14.67 14.6 Fragentyp D

Für Gallensäuren trifft zu:

1) Sie werden in der Leber aus Cholesterin gebildet.
2) Sie sind amphiphate Verbindungen.
3) Sie dienen der Resorption von Fettsäuren in Form von Micellen.
4) Sie aktivieren die Pankreaslipase.

14.68 14.7 Fragentyp A_3

Welche der folgenden Aussagen über die menschliche Darmflora ist falsch?

A. Die Darmflora hat Bedeutung für die Versorgung mit Folsäure.
B. Die Darmflora erschließt Cellulose für die Verwertung durch den menschlichen Organismus.
C. Die Darmflora kann durch Antibiotica zerstört werden.
D. Durch die Darmflora werden Abbauprodukte des Hämoglobins weiter umgesetzt.
E. Die Darmflora ist wichtig für die Versorgung mit Vitamin K.

14.69	14.8	Fragentyp D

Bei der Resorption aus dem Darm

1) werden Aminosäuren über ein Pyridoxalphosphat-abhängiges Transportsystem resorbiert
2) erfolgt die Aufnahme der Proteine vorwiegend durch Pinocytose
3) werden Glucose und Galaktose mit unterschiedlicher Geschwindigkeit aufgenommen
4) werden Fettsäuren als Methylester transportiert

14.70	14.8	Fragentyp D

An der Mikrozottenoberfläche (Bürstensaum) der Dünndarmepithelien sind welche der folgenden Verdauungsenzyme lokalisiert?

1) Oligosaccharidasen
2) Oligopeptidasen
3) Phosphatasen
4) Enteropeptidase (Enterokinase)

14.71	14.8	Fragentyp D

Chylomikronen

1) enthalten vorwiegend Triglyceride
2) werden in den Mucosazellen des Dünndarms gebildet
3) werden durch eine Lipoprotein-Lipase abgebaut
4) haben an ihrer Oberfläche amphiphate Phospholipide

15. Topochemie der Zelle

15.01	15.04
15.02	15.05
15.03	

15.1   Fragentyp D

Den in Liste 1 aufgeführten Zellbestandteilen sind die in Liste 2 angegebenen Stoffwechselleistungen richtig zuzuordnen:

Liste 1

15.01 Chylomikronen
15.02 Mitochondrien
15.03 Cytoplasma
15.04 Membran
15.05 Ribosomen

Liste 2

A. Fettsäureabbau
B. Peptidyltransfer
C. Aktiver Transport
D. Fettsäuresynthese
E. Fettresorption

15.06	15.09
15.07	15.10
15.08	

15.1   Fragentyp B

Ordnen Sie den in Liste 1 aufgeführten Strukturen die in Liste 2 genannten cellulären Funktionen richtig zu.

Liste 1

15.06 Cytosol
15.07 Nucleus
15.08 Mitochondrien
15.09 Endoplasmatisches Reticulum
15.10 Plasmamembran

Liste 2

A. Na^+-K^+-abhängige ATP-Spaltung
B. Monooxygenierung
C. rRNA-Synthese

D. Oxidative Pyruvatdecarboxylierung
E. Glykogensynthese

15.11   15.1   Fragentyp D

Für die Aktivität von Zellorganellen gilt:

1) Im Kern findet vorwiegend die Synthese von DNA und RNA statt.
2) Die Enzyme der Fettsäure-Synthese befinden sich ausschließlich in den Mitochondrien.
3) Die Enzyme der Glykolyse sind in der löslichen Fraktion des Cytosols.
4) Die Enzyme des Pentosephosphatweges sind ausschließlich in den Mitochondrien lokalisiert.

15.12   15.1   Fragentyp D

Voraussetzungen für das Leben heterotropher Organismen sind

1) Fähigkeit zur Fortbewegung
2) Fähigkeit zum Energieaustausch mit der Umgebung und zur Energieumwandlung
3) Fähigkeit zur Speicherung von hochpolymeren Nahrungsstoffen
4) Fähigkeit zur identischen Reproduktion

15.13   15.1   Fragentyp A_1

Bei der Trennung von Zellfraktionen durch differentielle Zentrifugation können die einzelnen Fraktionen durch spezifische "Leitenzyme" charakterisiert werden. Die Glucose-6-Phosphatase ist das Leitenzym für

A. Mitochondrien
B. endoplasmatisches Reticulum (Mikrosomen)
C. Cytoplasma
D. Zellkern
E. Lysosomen

15.14 15.2 Fragentyp A₃

Welche Antwort ist falsch?
Der Zellkern höherer Organismen (eukaryoter Zellen)

A. ist der Ort der Synthese von Ribonucleinsäuren
B. besteht zu etwa 20% aus Desoxyribonucleinsäure
C. enthält etwa 30% basische Proteine (Histone)
D. ist der Ort des Pentosephosphatcyclus innerhalb der Zelle (Ribosesynthese)
E. enthält NAD- und ATP-synthetisierende Enzymsysteme

15.15 15.2 Fragentyp D

Der Zellkern

1) ist die Bildungsstätte der Messenger-RNA
2) ist befähigt zur NAD-Synthese
3) kann in bestimmten Zellen fehlen
4) ist die Bildungsstätte der tRNA

15.16 15.19
15.17 15.20
15.18   15.2   Fragentyp B

Ordnen Sie den Strukturelementen der Zelle in Liste 1 die Bausteine in Liste 2 zu.

Liste 1

15.16 Membran-Lipide
15.17 Membran-Glykoproteine
15.18 Membran-Phospholipide
15.19 Kollagen
15.20 DNA

Liste 2

A. Hydroxyprolin
B. Neuraminsäure
C. dAMP
D. Cholesterin
E. Cholin

15.21 15.2 Fragentyp A₁

Das in den Chromosomen der Zellkerne enthaltene basische Protein heißt

A. Histidin
B. Histamin
C. Heparin
D. Homoserin
E. Histon

15.22 15.3 Fragentyp A$_1$

Folgende subcelluläre Strukturen sind Bestandteile der Mikrosomenfraktion:

A. Zellkerne und Mitochondrien
B. Mitochondrien und Lysosomen
C. Endoplasmatisches Reticulum, Ribosomen und Golgi-Apparat
D. Mikroskopisch sichtbare Kerntrümmer, die bei 10 000 g abzentrifugiert werden können
E. Ribosomen und Lysosomen

15.23 15.3 Fragentyp A$_1$

Welche Funktion hat der Golgi-Apparat?

A. Beteiligung an der Speicherung und Sekretion von Makromolekülen
B. Proteinbiosynthese
C. Reduktion von Sauerstoff zu Wasser
D. Gluconeogenese
E. Entgiftungsvorgänge

15.24   15.3   Fragentyp A₁

Welche der angegebenen Eigenschaften trifft für die Mikrosomenfraktion, das endoplasmatische Reticulum der Leber zu?

A. Es enthält Enzyme, die an der Entgiftung von Arzneimitteln beteiligt sind.
B. Die Glucuronierung von Bilirubin findet an den Mikrosomen statt.
C. An den Mikrosomen werden Sekretproteine synthetisiert.
D. Das Enzym Glucose-6-Phosphatase ist an die Mikrosomen gebunden.
E. Alle Aussagen A-D sind richtig

15.25   15.3   Fragentyp D

Das endoplasmatische Reticulum

1) liefert nach Homogenisation der Zelle und Zentrifugation die sog. "Mikrosomenfraktion"
2) ist ein intracelluläres Kanalsystem
3) trägt an seiner Außenfläche oft zahlreiche Ribosomen
4) enthält mischfunktionelle Oxygenasen

15.26   15.4   Fragentyp D

Folgende Enzyme sind in den Mitochondrien lokalisiert:

1) Succinatdehydrogenase
2) Phosphofructokinase
3) Cytochromoxidase
4) UDPG-Glykogentransferase

15.27   15.4   Fragentyp A₃

Welche Antwort ist *falsch*?
In den Mitochondrien laufen folgende Stoffwechselprozesse ab:

A. Oxidative Phosphorylierung
B. Harnstoffbiosynthese
C. Glykogenbiosynthese
D. β-Oxidation der Fettsäuren
E. Citratcyclus

15.28   15.5   Fragentyp A_1

Die Lysosomen

A. sind die Bildungsstätte der Chromosomen
B. enthalten saure Hydrolasen
C. sind lysozymbildende Zellen
D. sind partielle Abbauprodukte von Ribosomen
E. sind der Ort der Lysolecithinspeicherung

15.29   15.5   Fragentyp D

Lysosomen

1) kommen in den meisten Körperzellen vor
2) sind Ort der Lysozymbiosynthese
3) enthalten hydrolytische Enzyme
4) bilden im Pankreas die Verdauungsproteinasen

15.30   15.7   Fragentyp D

Welche der folgenden Aussagen treffen für die Zellmembran der Säugetierzelle zu?

1) Sie enthält Receptoren für verschiedene Hormone.
2) Sie trägt ein spezifisches Oberflächenmuster, das die gegenseitige Erkennung der Zellen ermöglicht.
3) Sie ist für den kontrollierten Import und Export zahlreicher Verbindungen verantwortlich.
4) Sie trägt an der Außenseite zahlreiche N-Acetylneuraminsäure-Reste.

15.31   15.7   Fragentyp D

Die Membranen der Zellen höherer Organismen (eukaryoter Zellen)

1) bestehen aus einer bimolekularen Schicht von Fettsäuren
2) enthalten Proteine und Lipide (u.a. Glycolipide, Phospholipide)
3) sind für niedermolekulare Substanzen (z.B. Aminosäuren) frei permeabel
4) enthalten spezifische Transportsysteme für Substrate des Zellstoffwechsels

15.32   15.7   Fragentyp D

Die Zellmembran

1) enthält polare Lipide
2) enthält ein System zum Transport von Glucose
3) ist für Wasser permeabel
4) ist für Elektrolyte frei durchlässig

15.33   15.7   Fragentyp D

Die Zellwand eukaryoter Zellen besteht aus

1) Glykoproteinen   3) Lipoproteinen
2) Mucopolysacchariden   4) Mureinen

15.34   15.7   Fragentyp A_1

Die Pinocytose dient der

A. Hormonsekretion
B. Resorption von Aminosäuren
C. Aufnahme von Flüssigkeiten in die Zelle
D. Abstoßung des Endometriums
E. erleichterten Diffusion

15.35	15.7	Fragentyp D

Aktiver Transport

1) führt zur Konzentrierung der transportierten Substanzen auf einer Seite der Zellmembran
2) zeigt Spezifität gegenüber dem transportierten Molekül
3) zeigt Sättigungskinetik
4) ist in tierischen Zellen, die Mitochondrien enthalten, durch 2,4-Dinitrophenol hemmbar

15.36 15.37	15.6	Fragentyp B

Jedem der nachfolgenden Zellkompartimente in Liste 1 ordnen Sie bitte denjenigen Prozeß in Liste 2 zu, der ausschließlich oder überwiegend dort abläuft.

Liste 1

Liste 2

15.36 Endoplasmatisches Reticulum

15.37 Zytoplasma

A. Synthese der ribosomalen RNA
B. Synthese von Glucose aus Phosphoenolpyruvat
C. Hydroxylierung von Arzneimitteln
D. Oxidation von $NADH_2$
E. Synthese von mRNA

15.38	15.6	Fragentyp A_3

Welche Enzyme oder Enzymkomplexe sind nicht im Cytosol lokalisiert?

A. Enzyme der Glykolyse
B. Enzyme der Fettsäuresynthese
C. Enzyme des Fettsäureabbaues
D. Enzyme des Pentosephosphatweges
E. Aminoacyl-tRNA-Synthetasen

15.39   15.7   Fragentyp D

Welche Aussagen über den Transport durch die Mitochondrienmembran treffen zu?

1) Der Transport von Wasserstoff erfolgt über reduzierte Substrate.
2) $NADH_2$ kann die Mitochondrienmembran nicht passieren.
3) Der Austausch von ATP und ADP erfolgt durch eine Translocase.
4) Der gegenläufige Transport von Citrat und Malat erfordert Energie.

16. Blut

16.01 16.1 Fragentyp A_1

δ-Aminolävulinsäure ist ein wichtiges Zwischenprodukt in einem der folgenden Stoffwechselwege:

A. Purinbiosynthese
B. Pyrimidinabbau
C. Hämsynthese
D. Abbau von Phenylalanin und Tyrosin
E. Steroidbiosynthese

16.02 16.1 Fragentyp A_1

δ-Aminolävulinsäure ist ein Zwischenprodukt welchen Stoffwechselweges?

A. Der Gluconeogenese
B. Der Pyrimidinringbiosynthese
C. Der Bildung von Gallenfarbstoffen
D. Der Cholesterinbiosynthese
E. Der Biosynthese des Porphyrinringsystems

16.03 16.1 Fragentyp A_1

Welche der folgenden Aminosäuren ist der Ausgangsstoff für die Häm-Biosynthese?

A. Alanin
B. Prolin
C. Glycin
D. Tryptophan
E. Histidin

16.04   16.1   Fragentyp A_3

Welche Aussage trifft nicht zu?
Folgende Verbindungen sind Zwischenprodukte der Hämbiosynthese:

A. Porphobilinogen
B. δ-Aminolävulinsäure
C. Uroporphyrinogen III
D. Koproporphyrinogen III
E. Urobilinogen

16.05   16.1   Fragentyp D

Ausgangsstoff für die Biosynthese des Häms sind

1) Glycin
2) δ-Aminolävulinsäure
3) Succinyl-CoA
4) γ-Aminobuttersäure

16.06   16.1   Fragentyp A_1

Die prosthetische Gruppe des Hämoglobins (Häms) und des Cytochroms c unterscheiden sich

A. durch das am Porphyrinring gebundene Zentralatom
B. in der Anzahl der Propionsäurereste
C. durch die Art der Bindung an die Proteinkomponente
D. durch ihren Stickstoffgehalt
E. durch die Zahl der am Aufbau beteiligten Pyrrolringe

16.07   16.1   Fragentyp D

Für die Biosynthese des Hämoglobins trifft zu:

1) Das Enzym Ferrochelatase katalysiert den Einbau von Fe^{2+} in Protoporphyrin 9.
2) Die δ-Aminolävulinsäure-Synthetase ist das Schrittmacherenzym der Biosynthese.
3) Als Zwischenprodukt tritt Uroporphyrinogen III auf.

4) 2,3 Bisphosphoglycerat ist ein Akitvator der δ-Aminolävulinsäure-Synthetase.

16.08 16.1 Fragentyp D

Der normale Hämoglobingehalt des Menschen beträgt

1) 5-6 mmol Hämoglobin/l Blut (80-100 g/l Blut)
2) 9-11 mmol Hämoglobin/l Blut (145-177 g/ l Blut)
3) 1 fmol Hämoglobin/Erythrocyt (16 pg/Erythrocyt)
4) 2 fmol Hämoglobin/Erythrocyt (32 pg/Erythrocyt)

16.09 16.1 Fragentyp A_1

Der Hämgehalt (Moleküle Häm/Peptidkette) pro Peptidkette des Hämoglobinmoleküls beträgt:

A. 0,5
B. 1
C. 2
D. 4
E. 8

16.10   16.13
16.11   16.14
16.12   16.1   Fragentyp B

Ordnen Sie den in Liste 1 aufgeführten physiologischen bzw. pathologischen Zustandsformen des Hämoglobins die in Liste 2 gemachten Angaben richtig zu.

Liste 1

16.10 Hämoglobin des erwachsenen Menschen

16.11 O_2-Hämoglobin

16.12 CO-Hämoglobin

16.13 Methämoglobin

16.14 Fetales Hämoglobin

Liste 2

A. Die Konzentration im Blut ist bei Rauchern höher als bei Nichtrauchern.

B. Es kann enzymatisch zu Hämoglobin reduziert werden.

C. Es besitzt als Proteinkomponente 2α- und 2γ-Peptidketten.

D. Es besitzt als Proteinkomponente 2α- und 2β-Peptidketten.

E. Es ist eine stärkere Säure als Hämoglobin.

16.15   16.1   Fragentyp C

HbO_2 ist eine stärkere Säure als Hb,

weil

das Eisen im HbO_2 dreiwertig ist.

16.16   16.1   Fragentyp D

In ursächlichem Zusammenhang mit dem Bohr-Effekt sind

1) der sigmoide Verlauf der O_2-Sättigungskurve des Hämoglobins

2) die Änderung des pK-Wertes eines Histidinrestes beim Übergang von Hb zu HbO_2

3) die Abhängigkeit der Sauerstoffsättigung des Hämoglobins vom Sauerstoffpartialdruck
4) eine höhere Dissoziationskonstante des sauerstoffbeladenen Hämoglobins (HbO_2) als die des Hb

16.17 16.1 Fragentyp A_1

Der Verlauf der Sauerstoffbindungskurve des Hämoglobins wird nach rechts verschoben bei

A. Abnahme des CO_2-Partialdruckes
B. Zunahme des CO_2-Partialdruckes
C. Zunahme des pH-Wertes
D. Zunahme des N_2-Partialdruckes
E. Abnahme des N_2-Partialdruckes

16.18 16.1, 20.5 Fragentyp A_1

Myoglobin

A. zeigt den Bohr-Effekt
B. hat eine hyperbole Sauerstoffbindungskurve
C. ist ein zusätzliches Sauerstofftransportsystem im Blut
D. enthält 4 Hämgruppen pro Molekül
E. keine dieser Eigenschaften trifft zu

16.19 16.1, 20.5 Fragentyp C

Die Sauerstoffbindungskurven für Myoglobin und Hämoglobin sind identisch,

weil

beide Fe-Porphyrin enthalten.

| 16.20 | 16.1, 20.5 | Fragentyp D |

Myoglobin

1) hat ein Molekulargewicht viermal so groß wie Hämoglobin
2) ist ein Glied der Atmungskette in den Muskelmitochondrien
3) hat eine sigmoidal verlaufende Sauerstoffbindungskurve
4) dient zur Speicherung des Sauerstoffs im Muskel

| 16.21 | 16.1, 20.5 | Fragentyp D |

Myoglobin

1) hat eine hyperbolisch verlaufende Sauerstoffdissoziationskurve
2) tritt bei Muskelschädigungen vermehrt im Blut auf
3) enthält ein Porphyrinsystem mit 2-wertigem Eisen
4) zeigt den Bohr-Effekt

| 16.22 | 16.1 | Fragentyp D |

Für Methämoglobin trifft zu:

1) Es ist ein Zellprotein, das Eisen von Transferrin übernimmt.
2) Es enthält dreiwertiges Eisen.
3) Es ist nur aus einer Untereinheit aufgebaut.
4) Es ist physiologischer Weise in geringen Konzen- ntrationen im Blut enthalten.

| 16.23 | 16.1 | Fragentyp A_1 |

Welche der folgenden Substanzen fördert die Bildung von Methämoglobin?

A. Sauerstoff
B. Methylenblau

C. Oxalsäure

D. Phenacetin-haltige Arzneimittel

E. Oxidiertes Glutathion

16.24   16.1   Fragentyp D

Für eine Methämoglobinämie gilt:

1) Ein Teil des Hämoglobineisens liegt in der dreiwertigen Oxidationsstufe vor.
2) Bei der familiären Form fehlt die Methämoglobin-Reductase.
3) Eine akute Methämoglobinvergiftung kann durch Injektion von Methylenblau oder Ascorbinsäure behandelt werden.
4) Methämoglobin hat seine Fähigkeit zur reversiblen Sauerstoffbindung verloren.

16.25   16.1   Fragentyp D

Welche Quartärstrukturen des Hämoglobins kommen bei der β-Thalassämie vor?

1. $\alpha_2\beta_2$
2. $\alpha_2\gamma_2$
3. $\alpha_2\beta'_2$ (Glutaminsäurerest 6 durch Valinrest ersetzt)
4. $\alpha_2\delta_2$

16.26   16.1   Fragentyp A_1

Erythrocyten von Patienten mit Sichelzellanämie enthalten

A. nur Hämoglobin A_2 ($\alpha_2\delta_2$)
B. nur Hämoglobin S
C. wenig Hämoglobin A_2, viel Hämoglobin S
D. viel Hämoglobin A_2, wenig Hämoglobin S
E. nur Hämoglobin F ($\alpha_2\gamma_2$)

16.27 16.1 Fragentyp A_1

Die beim Abbau von makromolekularen Stoffen freiwerdenden Bausteine können häufig wieder für die Neusynthese von Makromolekülen Verwendung finden. Für welche Moleküle gilt diese Regel beim Menschen nicht?

A. Aminosäuren
B. Purinnucleotide
C. Pyrimidinnucleotide
D. Porphyrine
E. Fettsäuren

16.28 16.1 Fragentyp A_1

Der Abbau von Häm zu Bilirubin erfolgt

A. im Erythrocyten
B. im reticulo-endothelialen System (RES)
C. im Knochenmark
D. in der Galle
E. im Darm durch die Darmflora

16.29 16.1 Fragentyp D

Bilirubin

1) entsteht durch enzymatische Hydrierung aus Biliverdin
2) wird in der Leber durch Konjugation mit Glucuronsäure in Bilirubindiglucuronid umgewandelt
3) kann bei vermehrtem Hämoglobinabbau im Blutserum in erhöhter Konzentration vorhanden sein
4) ist ein Abbauprodukt des Häms

16.30 16.1 Fragentyp A_1

Der metabolische Abbau von Hämoglobin findet vorwiegend statt in

A. den Zellen des reticulo-endothelialen Systems
B. den Erythrocyten
C. den Leberparenchymzellen

D. den Zellen der Nierentubuli
E. allen Zellen A - D

16.31 16.1 Fragentyp A$_1$

Beim Abbau des Hämoglobins kommt es

A. zur Bildung von Gallenfarbstoffen
B. zur oxidativen Spaltung des Porphyrinringes
C. zur Bildung von Bilirubin
D. zur Bildung von Stercobilinogen
E. Alle Aussagen A-D treffen zu

16.32 16.1 Fragentyp A$_1$

Beim Neugeborenen kann es physiologischerweise zu einem Anstieg des Bilirubins im Serum kommen, da

A. die Bindungskapazität des Serumalbumins für Bilirubin herabgesetzt ist
B. eine verminderte Aktivität der UDP-Glucuronsäure-Bilirubintransferase besteht
C. Hämoglobin vermehrt zu Gallensäuren abgebaut wird
D. eine verstärkte Hämoglobinsynthese stattfindet
E. noch keine bakterielle Besiedlung des Darmtraktes erfolgt ist

16.33 16.1 Fragentyp A$_1$

Die Bildung von Stercobilinogen erfolgt in

A. der Leber
B. dem Duodenum
C. dem Dickdarm
D. dem Pankreas
E. der Gallenblase

16.34   16.1   Fragentyp A_1

Stercobilinogen entsteht aus seinen Vorläufern

A. durch Oxidation
B. durch Reduktion
C. durch Konjugation
   mit Glucuronsäure
D. durch Methylierung
E. beim Stehenlassen des Urins

16.35   16.1   Fragentyp D

Der Nachweis von Gallenfarbstoffen beim Verschlußikterus bringt welche Ergebnisse?

1) Stercobilinogen und Urobilinogen im Urin vermehrt
2) Bilirubin-Diglucuronid im Urin vermehrt
3) Freies (nicht-verestertes, Bilirubin im Blut vermehrt
4) Stercobilinogen und Urobilinogen im Urin fehlen

16.36   16.2   Fragentyp A_1

Reifen Erythrocyten fehlt bzw. fehlen

A. glykolytische Enzyme
B. Enzyme des Pentosephosphat-
   cyclus
C. Pyrimidinnucleotide
D. ATP
E. Enzyme des Citrat-
   cyclus

16.37   16.2   Fragentyp A_1

Welches der nachfolgenden Intermediate akkumuliert spezifisch im Erythrocyten?

A. 1,3-Bisphosphoglycerat
B. Phosphoenolpyruvat
C. 2,3-Bisphosphoglycerat
D. 3-Phosphoglycerat
E. Cyclisches 3',5'-AMP

16.38		
16.39	16.2	Fragentyp B

Ordnen Sie den Enzymen in Liste 1 ihre in Liste 2 aufgeführten spezifischen Reaktionen richtig zu.

Liste 1

16.38 Carboanhydrase (Carbodehydratase)

16.39 Katalase

Liste 2

A. $H^+Hb + O_2 \rightleftharpoons HbO_2 + H^+$

B. $H_2O + CO_2 \rightleftharpoons H_2CO_3$

C. $CO_2 + \text{Protein-}NH_2 \rightleftharpoons \text{Protein-}NH\text{-}COOH$

D. $H^+ + HCO_3^- \rightleftharpoons H_2CO_3$

E. $2H_2O_2 \rightleftharpoons 2H_2O + O_2$

16.40	16.2	Fragentyp A_1

Welche Vitamine sind für die Bildung und Ausreifung der roten Blutzellen notwendig?

A. Ascorbinsäure und Tocopherol

B. Cobalamin und Calciferol

C. Retinol und Riboflavin

D. Folsäure und Cobalamin

E. Pyridoxin und Phyllochinon

16.41	16.2	Fragentyp C

Glutathion kann im Organismus nicht aufgebaut werden,

weil

es eine Thioesterbindung zwischen Glutaminsäure und Cystein enthält.

16.42	16.2	Fragentyp D

Die reifen Erythrocyten enthalten

1) Lecithin
2) Cerebroside
3) Cholesterin
4) ATP

16.43	16.2	Fragentyp D

Für Glutathion trifft zu:

1) Es ist ein Redoxsystem.
2) Es dient der Stabilisierung SH-Gruppen-haltiger Erythrocyten-Enzyme.
3) Es kann mit $NADPH_2$ enzymatisch reduziert werden.
4) Es kann in Erythrocyten in einer DNA-unabhängigen Peptidsynthese gebildet werden.

16.44	16.3	Fragentyp D

Für Leukocyten trifft zu:

1) Sie haben Enzyme der Glykolyse, aber keine Cytochrome.
2) Leukocyten von Patienten mit van-Gierke-Erkrankung haben abnormal hohen Glykogengehalt.
3) Injektion von Nebennierenrindenhormonen verursacht eine Zunahme der Zahl der zirkulierenden Lymphocyten.
4) Leukocyten von Patienten mit akuter Leukämie haben eine hohe Aktivität an Dihydrofolat-Reductase.

16.45	16.3	Fragentyp A_1

Der normale pH-Wert des Blutes ist:

A. 6,8
B. 7,1
C. 7,4
D. 7,7
E. 8,0

16.46	16.3	Fragentyp D

Welche Aussagen sind für Plasmaproteine zutreffend?

1) Bei Proteinmangelernährung steigt das Verhältnis Albumin : Globulin an.
2) Das meiste Serumkupfer liegt in Form von Caeruloplasmin vor.
3) Die γ-Globuline sind im extrahepatischen Gewebe gebildete Lipoproteine.

4) Albumin ist von größerer Bedeutung für die Osmoregulation als Globuline.

16.47 16.3,9.2 Fragentyp A_1

Caeruloplasmin ist ein

A. Eisentransportprotein
B. Abbauprodukt des Hämoglobins
C. kupferbindendes Serumprotein
D. kupferspeicherndes Zellprotein
E. Immunglobulin

16.48 16.3 Fragentyp A_1

Sie wollen bei einem Versuchstier das Volumen des Blutplasmaraumes bestimmen. Welchen Stoff injizieren Sie?

A. D_2O
B. ^{14}C-Inulin
C. $^{40}K^+$
D. ^{131}J-Albumin
E. ^{14}C-Insulin

16.49 16.3 Fragentyp A_1

Wie groß ist die Osmolarität des Blutes?

A. 7,0 osmol
B. 0,5 osmol
C. 3,6 osmol
D. 3,3 osmol
E. 0,33 osmol

16.50 16.4 Fragentyp A_1

Wenn heparinisiertes Blut zentrifugiert wird, enthält das Sediment welche der aufgeführten Bestandteile?

A. Fibrinogen
B. Fibrin
C. Globuline
D. Erythrocyten
E. Alle Bestandteile A bis D

16.51   16.3   Fragentyp D

Albumin hat folgende Funktionen:

1) Transport von freien Fettsäuren
2) Transport von Bilirubin
3) Funktion bei der Aufrechterhaltung des kolloidosmotischen Druckes
4) Immunabwehr

16.52   16.3   Fragentyp A_1

Blutplasma und Blutserum unterscheiden sich

A. im Fettgehalt
B. in der Konzentration der Erythrocyten
C. im Kohlenhydratgehalt
D. im Fibrinogengehalt
E. in der Natriumkonzentration

16.53   16.3   Fragentyp A_1

Serumprotein wurde mit der Biuretreaktion bei der Wellenlänge 546 nm gegen den Reagenzienleerwert gemessen.
Ansatz 0,1 ml Serum, 4,9 ml Biuret-Reagenz, d = 1 cm,
λ_{546} = 0,277 $(g^{-1} \cdot l \cdot cm^{-1})$.
Meßwerte: E_{546} = 0,554.

Die Proteinkonzentration im Serum beträgt (g/l):

A. 60   B. 70   C. 85   D. 100   E. 120

16.54   16.3   Fragentyp A_3

Welche Aussage trifft <u>nicht</u> zu?

A. Die Plasmaproteine des Menschen lassen sich durch Elektrophorese in 5 charakteristische Fraktionen (Albumin, α_1-, α_2-, β-, γ-Globuline) trennen.

B. Mit Hilfe der Immunelektrophorese lassen sich mehr als 30 verschiedene Serumproteinfraktionen identifizieren.
C. Der Anteil des Serumalbumins an den Gesamtproteinen des Blutserums beträgt 8-10%.
D. Ein Anstieg der γ-Globulinfraktion kann auf eine vermehrte Antikörperbildung hinweisen.
E. Die Lipoproteine des Serums haben die Fähigkeit zur Bindung und zum Transport von Lipiden.

16.55   16.3   Fragentyp C

Bei einem Puffer von pH 8,5 wandern Serumproteine bei der Elektrophorese zur Kathode,

weil

ihre isoelektrischen Punkte im schwach sauren pH-Bereich liegen.

16.56   16.3   Fragentyp D

Für die Plasmaproteine trifft zu:

1) Bei verminderter Eiweißzufuhr nimmt das Albumin/Globulin-Verhältnis zu.
2) Die Albumine sind von größerer Bedeutung für den kolloidosmotischen Druck als die Globuline.
3) Die α-Globuline werden in extra-hepatischen Geweben synthetisiert.
4) Der größte Teil des Serumkupfers ist an das Caeruloplasmin gebunden.

16.57 16.60
16.58 16.61
16.59   16.3   Fragentyp B

Die Liste 1 enthält Enzyme, deren Aktivität im Blutserum bei Schädigung welcher der in Liste 2 aufgeführten Organe erhöht sein kann?

Liste 1

16.57 α-Amylase

16.58 Kreatinkinase

16.59 Sorbit-Dehydrogenase

16.60 Alkalische Phosphatase

16.61 Saure Phosphatase

Liste 2

A. Herzmuskel   D. Prostata

B. Pankreas   E. Knochen

C. Leber

16.62 16.65
16.63 16.66
16.64   16.3   Fragentyp B

Ordnen Sie den in Liste 1 aufgeführten Elektrolyten die in Liste 2 angegebenen Normalwerte für die Ionenkonzentration im Serum (mmol/l) richtig zu.

Liste 1   Liste 2

16.62 Natrium   A. 2,5

16.63 Bicarbonat   B. 101

16.64 Calcium   C. 142

16.65 Magnesium   D. 27

16.66 Chlorid   E. 1

16.67   16.3   Fragentyp A_1

Haptoglobin

A. ist ein Lipoprotein geringer Dichte

B. ist ein Immunglobulin gegen Haptene

C. dient dem Sauerstofftransport

D. bindet Hämoglobin, das durch Hämolyse aus Erythrocyten freigesetzt wird

E. ist Proteinbestandteil der Erythrocytenmembran

16.68	16.71		
16.69	16.72		
16.70		16.3	Fragentyp B

Ordnen Sie den in Liste 1 genannten Blutbestandteilen die in Liste 2 aufgeführten Konzentrationsangaben richtig zu.

Liste 1   Liste 2

16.68 Eiweiß   A. 4 mmol/l Serum

16.69 Glucose   B. 142 mmol/l Serum

16.70 K^+ C. 2,5 mmol/l Serum

16.71 Na^+ D. 3,5 - 5,5 mmol/l Blut

16.72 Ca^{++} E. 60-80 g/l Serum

16.73	16.3	Fragentyp D

Unter Rest-Stickstoff (Rest-N) versteht man

1) stickstoffhaltige Verbindungen des Serums nach Enteiweißung

2) alle stickstoffhaltigen Verbindungen außer Harnsäure und Harnstoff

3) niedermolekulare Stickstoffverbindungen im Serum, die überwiegend harnpflichtig sind

4) pathologische Eiweißverbindungen bei Niereninsuffizienz

16.74　　　　　　　　　　16.3　　　　　　　　Fragentyp D

Für den Serumcholesterinspiegel trifft zu:

1) Er liegt normalerweise zwischen 3,9 - 6,5 mmol/l Serum (1,5 - 2,5 g/l Serum).
2) Die Aufnahme von kurzkettigen, gesättigten Fettsäuren (C_6-C_8) führt zur Erhöhung.
3) Die Aufnahme von stark ungesättigten Fettsäuren führt zur Senkung.
4) Er läßt sich alimentär nicht beeinflussen.

16.75　　　　　　　　　　16.4　　　　　　　　Fragentyp D

Thrombin bewirkt

1) die Freisetzung des Thromboplastins aus den Thrombocyten
2) die Fibrinolyse
3) die Polymerisierung des löslichen Fibrin-Monomeren zum unlöslichen Fibrin-Polymeren
4) die partielle Proteolyse des Fibrinogens zum Fibrin

16.76　　　　　　　　　　16.4　　　　　　　　Fragentyp A_3

Welche Aussage trifft nicht zu?
Thrombin

A. wird in der 2. Phase der Blutgerinnung aus Prothrombin gewonnen
B. ist ein Enzym, das Fibrinogen als Substrat umsetzt
C. ist ein proteolytisches Enzym
D. Seine Vorstufe wird in der Leber unter Mitwirkung von Vitamin K gebildet.
E. katalysiert die Umwandlung von Fibrin in lösliche Fibrinspaltprodukte

16.77 16.4 Fragentyp A_1

Bestimmte Anticoagulantien sind normalerweise im Organismus vorhanden; für welchen der nachfolgenden Stoffe trifft dies zu?

A. Lipoproteinlipase
B. Dicumarol
C. Hyaluronidase
D. Chondroitinsulfat
E. Heparin

16.78 16.4 Fragentyp D

Die Blutgerinnung kann in vitro verhindert werden durch Zugabe von

1) Calciumchlorid
2) Heparin
3) Thrombin
4) Natriumcitrat

16.79 16.4 Fragentyp D

Die Funktion von Vitamin K ist bewiesen

1) bei der Verhinderung der Thrombose
2) bei der oxidativen Phosphorylierung
3) bei der Aufrechterhaltung der Integrität der Retina
4) bei der Biosynthese von Prothrombin und Proconvertin

17. Leber

17.01   17.1   Fragentyp A$_1$

Welches der nachfolgenden Enzyme ist ein Sekretionsenzym der Leber?

A. Glutamyl-Transpeptidase
B. Glutamat-Pyruvat-Transaminase
C. Sorbit-Dehydrogenase
D. Lecithin-Cholesterin-Acyltransferase
E. Alkalische Phosphatase

17.02   17.1, 17.2   Fragentyp A$_1$

Welcher der folgenden Stoffwechselprozesse ist ausschließlich in der Leber lokalisiert?

A. Gluconeogenese
B. Umwandlung von Galaktose zu Glucose
C. Purinabbau
D. Synthese von Lactose
E. Synthese von Glykoproteinen

17.03   17.1   Fragentyp D

Die Leber ist der Hauptsyntheseort für welche Plasmaproteine?

1) Albumin
2) VLD-Lipoprotein
3) Fibrinogen
4) Antikörper

17.04   17.1   Fragentyp A_1

Die Exkretionsleistung der Leber kann mit welcher der nachfolgenden Funktionsproben geprüft werden?

A. Bestimmung der Aktivität der Lactat-Dehydrogenase
B. Messung der Cholesterinesterkonzentration im Serum
C. Bestimmung der Aktivität der Glutamat-Pyruvat-Transaminase im Serum
D. Bestimmung der Aktivität der alkalischen Phosphatase
E. Bromsulphaleinausscheidungstest

17.05
17.06
17.07   17.2   Fragentyp B

Ordnen Sie den in Liste 1 aufgeführten Verbindungen die in Liste 2 gegebenen Strukturformeln richtig zu.

Liste 1

17.05 Carnithin

17.06 Cholin

17.07 Kreatin

Liste 2

A.
$$HO-CH_2-\underset{\underset{CH_3}{|}}{\overset{\overset{CH_3}{|}}{C}}-CH-\underset{\underset{O}{||}}{\overset{\overset{OH}{|}}{C}}-NH-CH_2-CH_2-COOH$$

B.
$$HO-CH_2-CH_2-\overset{+}{\underset{\underset{CH_3}{|}}{N}}\!\!-\!\!\overset{CH_3}{}\!\!-\!\!CH_3$$

C.
$$HO-\underset{\underset{H_2C-COOH}{|}}{CH}-CH_2-\overset{+}{\underset{\underset{CH_3}{|}}{N}}\!\!-\!\!\overset{CH_3}{}\!\!-\!\!CH_3$$

D.
$$\begin{array}{c} H_2C\!\!-\!\!\!-\!\!\!-\!\!COOH \\ | \\ H_3C-N\diagdown\diagup NH_2 \\ C \\ \| \\ NH \end{array}$$

E.
$$H_2N-CH_2-CH_2-\underset{\underset{}{||}}{\overset{\overset{O}{||}}{C}}-NH-\underset{\underset{CH_2}{|}}{\overset{\overset{COOH}{|}}{CH}}$$

HN——C
| ‖
HC≈N CH

17.08   17.2   Fragentyp D

Eine Acetoacetatproduktion aus Fettsäuren findet statt:

1) Im Dünndarm   3) Im Herzmuskel
2) Im Fettgewebe   4) In der Leber

17.09   17.2   Fragentyp A_3

Welche Aussage trifft nicht zu?
An der Biosynthese des Kreatins sind folgende Vorstufen bzw. Zwischenstufen beteiligt:

A. Glycin   D. Methionin
B. Arginin   E. Glutaminsäure
C. Guanidinoacetat

17.10   17.2   Fragentyp C

Bei übermäßiger Kohlenhydratzufuhr wird in der Leber Glucose zu Fett umgewandelt,

weil

die Fähigkeit zur Glykogenspeicherung begrenzt ist.

17.11   17.2   Fragentyp A_1

Nach oraler Aufnahme von 30 g Galaktose wurden von einem Menschen (70 kg) innerhalb 5 Std 1,8 g Galaktose mit dem Harn ausgeschieden. Dieser Befund bedeutet, daß die Hauptmenge der Galaktose

A. nicht resorbiert wurde
B. als Milchzucker ausgeschieden wurde
C. im Muskel direkt zum Aufbau von Glykogen verwendet wurde
D. von der Leber verstoffwechselt wurde
E. nicht nierengängig ist

17.12   17.2   Fragentyp C

Die Zufuhr von Fructose ist bei Insulinmangel vorteilhaft,

weil

beim Abbau Fructose über die Glykolyse vier Mol ATP/Mol Fructose gewonnen werden.

17.13   17.2   Fragentyp D

Welche Enzyme sind charakteristisch für die Leber und werden in anderen Organen praktisch nicht gefunden?

1) Glucose-6-phosphat-Isomerase
2) Fructose-1,6-bisphosphat-Aldolase
3) Fructose-6-phosphat-Kinase (Phosphofructokinase)
4) Fructose-1-phosphat-Aldolase

17.14   17.3,17.6   Fragentyp C

Bei schwerer Leberschädigung ist das nach Elektrophorese erhaltene Verteilungsmuster der Serumproteine verändert,

weil

die meisten Serumproteine in der Leber gebildet werden.

17.15   17.3,17.6   Fragentyp D

Welche der nachfolgenden Labortests eignen sich zur Prüfung der Syntheseleistung der Leber?

1) Elektropherogramm der Serumproteine
2) Bestimmung des Kreatiningehaltes im Serum
3) Bestimmung des Prothrombingehaltes im Plasma
4) Bestimmung der Immunglobuline im Serum

| 17.16 | 17.7 | Fragentyp A$_1$ |

Gallensäuren

A. färben die Galle grün
B. werden konjugiert ausgeschieden
C. sind vom enterohepatischen Kreislauf ausgeschlossen
D. werden in der Gallenblase gebildet
E. werden vom Pankreassaft sezerniert

| 17.17 | 17.7 | Fragentyp D |

Die in der menschlichen Lebergalle enthaltene Glykocholsäure

1) ist infolge ihres niedrigen pK-Wertes im Dünndarm besser löslich als die Cholsäure
2) entsteht aus der Cholsäure durch Veresterung mit Glycin
3) wird im Jejunum aktiv rückresorbiert
4) entsteht im Intestinaltrakt durch bakteriellen Abbau aus Taurocholsäure

| 17.18 | 17.6 | Fragentyp A$_1$ |

Folgende Verbindungen können bei akuter oder chronischer Einwirkung zur Leberschädigung bzw. zur Fettleber führen:

A. Cholin
B. Methionin
C. Galaktose
D. Galaktosamin
E. Pyridoxin

17.19 17.22		
17.20 17.23		
17.21	17.4	Fragentyp B

Ordnen Sie den in Liste 1 aufgeführten Abbaumechanismen die in Liste 2 genannten Wirkstoffe richtig zu.

Liste 1

17.19 Oxidative Desaminierung
17.20 Veresterung mittels aktiviertem Sulfat
17.21 Proteolyse
17.22 Esterspaltung
17.23 O-Methylierung

Liste 2

A. Insulin
B. Noradrenalin
C. Acetylcholin
D. Steroidhormone
E. Histamin

17.24   17.4   Fragentyp A_1

Aus welchen Vorstufen wird in der Leber Hippursäure gebildet?

A. Glycin und Brenztraubensäure
B. Glycin und Benzoesäure
C. Serin und Benzoesäure
D. Glycin und Phenylalanin
E. Glycin und Histidin

17.25   17.4   Fragentyp A_1

Als konjugierte Glucuronsäuren bezeichnet man

A. Verbindungen, in denen die Glucuronsäure eine konjugierte Doppelbindung besitzt
B. die Summe der gebundenen Säuren, die bei einem Insulinmangel ausgeschieden werden
C. Glykoside der Glucuronsäure
D. Polysaccharide, die Glucuronsäure als Baustein enthalten
E. die nach einer Glucosebelastung mit dem Harn ausgeschiedenen titrierbaren Säuren

17.26   17.4   Fragentyp A$_3$

Welche Aussage trifft nicht zu?
Entgiftungsreaktionen in der Leber sind:

A. Hydroxylierung (Monooxygenierung)
B. Bildung von Schwefelsäureestern
C. Acetylierung
D. Konjugation mit UDP-Glucuronsäure
E. Konjugation mit Gallensäuren

17.27   17.4   Fragentyp A$_3$

Welche Aussage trifft nicht zu?
Am Abbau von Äthylalkohol in der Leber sind folgende Enzyme beteiligt:

A. Aldehyd-Oxidase
B. Aldehyd-Dehydrogenase
C. Transaldolase
D. Alkohol-Dehydrogenase
E. Peroxidase

17.28   17.4   Fragentyp D

In welcher Form wird Äthylalkohol im Stoffwechsel verändert?

1) Abbau durch Alkohol-Dehydrogenase
2) Umwandlung zu Aceton
3) Abbau durch Peroxidase
4) Kondensation mit Acetyl-CoA zu Acetoacetat

17.29   17.2   Fragentyp D

Durch welche Reaktion entsteht in der Leber aus Guanidinoacetat Kreatin?

A. Transmethylierung

B. Amidierung D. Hydroxylierung
C. Decarboxylierung E. Glucuronidierung

17.30 17.5 Fragentyp D

Lebertoxische Substanzen sind

1) Tetrachlorkohlenstoff
2) Chloroform
3) α-Amanitin
4) Penicillin

17.31 17.7 Fragentyp A_3

Welche Aussage trifft nicht zu?
Die Gallenflüssigkeit enthält

A. Phospholipide
B. Cholesterin
C. konjugierte Gallensäuren
D. Stercobilinogen
E. Bilirubin-Diglucuronid

17.32 17.7 Fragentyp A_3

Welche Aussage trifft nicht zu?
Ein Ikterus (Hyperbilirubinämie) kann verursacht sein durch

A. eine vermehrte Bildung von Bilirubin infolge Hämolyse
B. eine Behinderung des extrahepatischen Gallenabflusses
C. eine verminderte Glucuronid-Konjugation in den Leberzellen
D. eine vermehrte Bildung von Stercobilinogen im Darm
E. eine Störung der Bilirubinsekretion aus den Leberzellen

18. Niere und Harn

18.01 18.1 Fragentyp A_1

Die maximale Konzentrierungsleistung der menschlichen Niere führt zu einer Osmolarität des Harns von (mOsm/l)

A. 140
B. 600
C. 1040
D. 1400
E. 1820

13.02 18.1 Fragentyp A_1

Der aktive Filtrationsdruck (mm Hg) in der Niere liegt bei

A. 5
B. 15
C. 40
D. 70
E. 120

18.03 18.1 Fragentyp D

Das von der Niere gebildete Ammoniak

1) wird vermehrt bei Arthritis urica (Gicht) ausgeschieden
2) wirkt bei Acidose Natrium-sparend
3) ist Substrat der in der Niere ablaufenden Harnstoffsynthese
4) entstammt vorwiegend dem Glutamin

18.04 18.1 Fragentyp D

Der Wert der Plasmaclearance (ml/min) für Harnstoff ist bei normaler Nierenfunktion im Vergleich zu dem von Inulin

1) abhängig von der Harnmenge
2) gleich groß
3) größer
4) kleiner

18.05   18.1   Fragentyp A_1

In 1 ml einer 1:10 verdünnten Plasmalösung werden 0,50 µMol Harnstoff gemessen. Bei der Filtration des Plasmas in der Niere werden 1/3 des Harnstoffes wieder rückresorbiert und 2/3 ausgeschieden. Wieviel Liter Plasma muß die Niere täglich filtrieren, damit 30 g Harnstoff (MG = 60) ausgeschieden werden können?

A. 3 l
B. 30 l
C. 150 l
D. 300 l
E. Keiner dieser Werte ist zutreffend

18.06   18.2   Fragentyp A_1

Die quantitative Bestimmung einer vermehrten Harnsäureausscheidung im Urin erlaubt Rückschlüsse auf

A. die Aktivität der Urease
B. den Nucleinsäureumsatz
C. den Abbau von Pyrimidinnucleotiden
D. den Umsatz von Eiweiß im Organismus
E. Keine der Aussagen ist zutreffend

18.07   18.2   Fragentyp A$_1$

Das/die mengenmäßig wichtigsten Stickstoffausscheidungsprodukte des Menschen ist/sind

A. Aminosäuren
B. Ammoniak
C. Harnsäure
D. Purine und Pyrimidine
E. Keine der genannten Verbindungen

18.08 18.11
18.09 18.12
18.10   18.3   Fragentyp B

Zucker können physiologischer- oder pathologischerweise im Urin auftreten (Liste 1). Welche Entstehungsursache (Liste 2) liegt dieser Ausscheidung zugrunde

Liste 1   Liste 2

18.08 Galaktose   A. Schädigung des Tubulusapparates
18.09 Lactose   B. Gravidität
18.10 Fructose   C. Reichliche Fructoseaufnahme
18.11 L-Xylulose   D. Defekt der Galaktose-1-phosphat-UDPG-Transferase
18.12 Glucose
                     E. Essentielle Pentosurie

18.13   18.2, 18.3   Fragentyp A$_1$

Das in der Niere gebildete Ammoniak

A. entsteht vorwiegend durch Transaminierungsreaktion
B. wird vermehrt bei erhöhtem Harnsäurespiegel ausgeschieden
C. kann zur Neutralisation von Säuren herangezogen und gegen Natrium ausgetauscht werden
D. wird für die in der Niere ablaufende Harnsäuresynthese benötigt
E. reguliert als biogenes Amin die Nierendurchblutung

18.14   18.4   Fragentyp D

Die von der Niere in den Harn ausgeschiedenen Ammoniumionen

1) entstammen vorwiegend dem Glutamin
2) An ihrer Bildung ist das Enzym Glutaminase beteiligt.
3) sind bei einer Ketoacidose vermehrt
4) werden vermehrt bei einem Diabetes insipidus ausgeschieden

18.15   18.4   Fragentyp D

Hemmer der Carboanhydratase führen zur

1) Vermehrung der Diurese
2) Verminderung der Protonensekretion
3) Verminderung der Rückresorption von Natrium
4) Verminderung der Aldosteronsekretion

18.16   18.4   Fragentyp A_3

Welche Aussage zur Nierenfunktion trifft nicht zu?

A. Glucose wird glomerulär filtriert.
B. Harnsäure wird glomerulär filtriet und tubulär sezerniert.
C. Eine Steigerung der Diurese kann zur Hypokaliämie führen.
D. L-Ketten von Immunglobulinen können durch die Niere ausgeschieden werden.
E. Aldosteron fördert die tubuläre Rückresorption der Elektrolyte Na^+ und K^+.

19. Fettgewebe

19.01 19.1 Fragentyp D

Welche der unter 1 - 4 gemachten Aussagen sind richtig?

1) Die im Unterhautfettgewebe abgelagerten Depotfette sind hauptsächlich Triglyceride.
2) Bei kohlenhydratreicher Nahrung wird die vom Fettgewebe aufgenommene Glucose zur Synthese von Fettsäuren verwendet.
3) Ein Nahrungsüberschuß von etwa 40 kJ führt zur Ablagerung von etwa 1 g Depotfett.
4) Bei einer Mobilisierung der Depotfette findet eine enzymatische Spaltung in freie Fettsäuren und Glycerin statt.

19.02 19.2 Fragentyp D

Das Fettgewebe zeigt folgendes Verhalten:

1) Die Hormone Glucagon, STH und Adrenalin stimulieren die Lipolyse.
2) Es gibt Lipoproteine an das Blut ab.
3) Insulin erhöht die Synthese von Triglyceriden.
4) Es ist zur de novo-Synthese von Fettsäuren nicht fähig.

19.03 19.2 Fragentyp A_1

Nach intravenöser Injektion von Adrenalin steigt die Konzentration der freien Fettsäuren im Blutserum an. Dieser Effekt

A. kommt über eine vermehrte Synthese von Fettsäuren in der Leber zustande
B. tritt auch nach Injektion von Glucagon ein

C. begünstigt die Umwandlung der freien Fettsäuren in Kohlenhydrate

D. ist von einem Anstieg des Glycerin-3-phosphats im Serum begleitet

E. läßt sich durch vorangehende kohlenhydratreiche Nahrung verhindern

---

19.04 19.2 Fragentyp A_1

Welchen Prozeß fördert Glucagon im Fettgewebe?

A. Glykogen ⟶ Glucose
B. Glucose ⟶ Glykogen
C. Protein ⟶ Aminosäuren
D. Triglyceride ⟶ Fettsäuren
E. Fettsäuren ⟶ Triglyceride

19.05 19.2 Fragentyp D

Bei gesteigerter Lipolyse im Fettgewebe laufen welche Prozesse dazu parallel in der Leber ab?

1) Gluconeogenese
2) β-Oxidation
3) Ketogenese
4) Lipoproteinbildung

19.06 19.2 Fragentyp D

Das Fettgewebe

1) ist zur de novo-Synthese von Fettsäuren aus Glucose fähig
2) kann Triglyceride aus Fettsäuren und freiem Glycerin bilden
3) bildet unter der Wirkung von Insulin vermehrt Triglyceride
4) bildet die "high-density"-Lipoproteine

20. Muskelgewebe

20.01 20.1 Fragentyp D

Welche der nachfolgenden Aussagen sind richtig?

1) 30% der Muskelproteine sind Enzyme der Glykolyse.
2) Myosin besitzt ATPase-Aktivität.
3) Adenylat-Kinase katalysiert die Resynthese von ATP aus ADP.
4) Bei aerober Muskelkontraktion wird kein ATP verbraucht.

20.02 20.1 Fragentyp A_3

Welche Antwort trifft nicht zu?

A. Die dünnen Filamente bestehen aus Actin, Troponin und Tropomyosin.
B. Kreatinphosphat ist das kontraktile Element der Muskulatur.
C. Myosin ist das kontraktile Protein der dicken Filamente.
D. Adenylat-Kinase katalysiert die Reaktion 2 ADP $\rightleftharpoons$ ATP + AMP.
E. Bei aerober Muskelarbeit können Fettsäuren oxidiert werden.

20.03 20.1 Fragentyp D

Fibrilläre Muskelproteine sind

1) G-Actin
2) F-Actin
3) Troponin
4) Myosin

20.04   20.2   Fragentyp D

In welchen der aufgeführten Fälle kann es zu einer Milchsäureacidose (Lactatacidose) kommen?

1) Niereninsuffizienz
2) Fasten
3) Diabetes mellitus
4) Intensive körperliche Belastung

20.05   20.2   Fragentyp A_3

Welche Aussage trifft <u>nicht</u> zu?
Der stark arbeitende Skeletmuskel bildet Lactat. Der überwiegende Anteil des gebildeten Lactats

A. wird an das Blut abgegeben
B. entsteht durch glykolytischen Abbau von Glucose
C. wird vom Muskel in der Erholungsphase zu Glykogen zurückverwandelt
D. wird in der Leber über die Gluconeogenese zu Glucose verwandelt
E. kann vom Muskel in der Erholungsphase zu CO_2 + H_2O oxidiert werden

20.06   20.2   Fragentyp C

Bei Sauerstoffmangel kommt im Muskel die Oxidation von Glycerinaldehyd-3-phosphat zu 1,3-Bisphosphoglycerat zum Stillstand,

<u>weil</u>

das hierbei entstehende $NADH_2$ nicht mehr in der Atmungskette umgesetzt werden kann.

20.07	20.2	Fragentyp D

Für die Kreatininbildung im Muskel trifft zu:

1) Sie erfolgt mit Hilfe der Kreatinkinase.
2) Sie korreliert mit der Muskelmasse und der Muskeltätigkeit.
3) Sie erfolgt aus Kreatin.
4) Sie erfolgt ohne Mithilfe eines Enzyms aus Kreatinphosphat.

20.08	20.2	Fragentyp D

Von folgenden Verbindungen kann das Phosphat auf ADP übertragen werden zur Bildung von ATP:

1) Kreatinphosphat
2) GTP
3) 1,3-Bisphosphoglycerinsäure
4) Glucose-6-phosphat

20.09	20.2	Fragentyp D

Die wichtigsten Energiequellen bei der Muskelkontraktion sind

1) Lactat
2) Adenosintriphosphat
3) Acetylphosphat
4) Kreatinphosphat

20.10	20.2	Fragentyp C

Unter anaeroben Bedingungen wird der Energiebedarf des Muskels nicht nur durch Glykogenolyse gedeckt,

weil

auch Triglyceride unter anaeroben Bedingungen abgebaut werden können.

20.11   20.2   Fragentyp D

Reaktionen welcher Enzyme sind an der ATP-Bildung im Muskel beteiligt?

1) Kreatinkinase
2) Adenylatkinase
3) Pyruvatkinase
4) Hexokinase

20.12   20.3   Fragentyp A_2

Welche der nachfolgenden Enzymaktivitäten des Serums sind am besten geeignet, eine Schädigung der Skeletmuskulatur nachzuweisen?

A. Lactat-Dehydrogenase und Glutamat-Oxalacetat-Transaminase (GOT)
B. Isoenzym 1 und 2 der Lactat-Dehydrogenase
C. Isoenzym 1 der Lactat-Dehydrogenase und Glutamat-Pyruvat-Transaminase (GPT)
D. Isoenzym 5 der Lactat-Dehydrogenase und Kreatinkinase
E. Kreatinkinase und Sorbit-Dehydrogenase

20.13   20.4   Fragentyp D

Am mechanischen Ablauf der Muskelkontraktion sind welche Proteine beteiligt?

1) Actin
2) Kollagen
3) Myosin
4) Myoglobin

20.14	20.4	Fragentyp D

Für die Vorgänge der Muskelkontraktion sind welche Reaktionen von Bedeutung?

1) Kreatinkinasereaktion
2) Adenylatkinasereaktion
3) ATPase-Reaktion des Myosins
4) Proteolyse von Tropomyosin zu Troponin

20.15	20.4	Fragentyp C

Das im Muskel unter anaeroben Bedingungen angehäufte Lactat verschwindet, wenn wieder genügend Sauerstoff zur Verfügung steht,

weil

es dann zu CO_2 und H_2O oxidiert werden kann.

20.16	20.4	Fragentyp C

Ein unter Sauerstoffmangel arbeitender Muskel benutzt als Energiequelle vor allem Fettsäuren,

weil

er Lactat an das Blut abgibt.

20.17	20.4	Fragentyp A_3

Welche Aussage trifft nicht zu?
Der Kontraktionsvorgang im Muskel

A. wird eingeleitet durch eine Freisetzung von Acetylcholin an der neuromusculären Synapse

B. setzt eine Steigerung der intramusculären Calciumkonzentration voraus

C. führt zur Ausbildung von Querbrücken zwischen den Köpfen der Myosinmoleküle und den Actinmolekülen

D. führt zur Hydrolyse von ATP zu ADP und anorganischem Phosphat

E. wird durch Succinyldicholin gefördert

20.18	20.5	Fragentyp C

Myoglobin besitzt die Fähigkeit zur reversiblen Bindung von Sauerstoff,

weil

der Muskel für seinen Energiestoffwechsel molekularen Sauerstoff verwerten kann.

20.19	20.2	Fragentyp C

Acetessigsäure kann im Herzmuskel verwertet werden,

weil

Acetoacetat mit Succinyl-CoA zu Acetoacetyl-CoA und Succinat reagieren kann.

21. Nervengewebe

21.01 21.1 Fragentyp A_1

Für die chemische Zusammensetzung des Nervengewebes sind folgende Befunde charakteristisch:

A. Der Lipidgehalt (Gesamtlipide) beträgt 35-45 g/100 g Frischgewebe.
B. Unter den Lipidklassen hat das Cholesterin den höchsten Anteil.
C. Der Gehalt an Phospholipiden ist im Nervengewebe höher als der Gehalt an Cholesterin.
D. Die Synthese von Phospholipiden ist im Gehirn nicht möglich.
E. Der Wassergehalt des Nervengewebes beträgt je nach Lebensalter 20-30%.

21.02 21.1 Fragentyp A_3

Welche Aussage trifft <u>nicht</u> zu?
Charakteristische Lipidbausteine des Nervengewebes sind

A. Ganglioside
B. Phosphoglyceride
C. Cerebroside
D. Carotinoide
E. Cholesterin

21.03 21.2 Fragentyp A_1

Der Stoffwechsel des Gehirns

A. ist abhängig von einem großen Glykogenspeicher
B. ist unabhängig vom Blutglucose-Spiegel

C. ist verantwortlich für etwa 20% des Gesamtsauerstoff-
   verbrauches des Körpers in Ruhe
D. wird wesentlich beeinflußt von der Aufnahme der Fettsäuren aus dem Blut
E. Keine der Aussagen ist zutreffend

21.04   21.2   Fragentyp A_3

Welche Aussage trifft nicht zu?

A. Der Sauerstoffverbrauch (pro g Gewebe) des Nerven-
   gewebes ist größer als derjenige des ruhenden
   Skeletmuskels.
B. Physiologisches Substrat des Energiestoffwechsels
   der Nervenzellen ist die Glucose.
C. Vorübergehende Unterbrechung der Glucose-Versorgung
   des Gehirns führt zu Krämpfen und Bewußtlosigkeit.
D. Der respiratorische Quotient des Nervengewebes ist 1.
E. Im Nervengewebe wird die Hauptmenge der Glucose durch
   anaerobe Glykolyse zu Lactat umgesetzt.

21.05   21.2   Fragentyp D

Als Substrate für den Energiestoffwechsel des Gehirns
können dienen:

1) Glucose   3) Glutaminsäure
2) β-Hydroxybutyrat   4) Lactat

21.06 21.2 Fragentyp A_3

Welche Aussage trifft nicht zu?

A. 20% des gesamten Sauerstoffverbrauches des menschlichen Körpers in Ruhe entfallen auf das Gehirn.
B. Glutaminsäure kann von Nervenzellen bis zu einem gewissen Umfang anstelle von Glucose für die Energiegewinnung metabolisiert werden.
C. Das Nervengewebe kann Ketonkörper nicht metabolisieren.
D. Die Ganglienzellen nehmen vom Blutplasma Glutamin, nicht jedoch Glutaminsäure auf.
E. Das Gehirn des Neugeborenen kann im Gegensatz zum Gehirn des Erwachsenen Hypoxien über mehrere Stunden ohne Nachteile überstehen.

21.07 21.2 Fragentyp D

Für die γ-Aminobuttersäure trifft zu:

1) Sie entsteht im Gehirn aus Glutamat.
2) Sie hemmt die Erregbarkeit des Nervensystems.
3) An ihrer Bildung ist die Glutaminsäure-Decarboxylase beteiligt.
4) Monoaminoxidase erhöht den Spiegel von γ-Aminobuttersäure im Gehirn.

21.08 21.2 Fragentyp A_1

Im menschlichen Organismus ist die Gluconeogenese notwendig, um die Energieversorgung bestimmter Zellen bzw. Gewebe sicherzustellen. Welche der folgenden Zellen bzw. Gewebe sind von der Zufuhr von Glucose für ihren Stoffwechsel weitgehendst abhängig?

1) Die glatte Muskulatur
2) Das Gehirn
3) Der Herzmuskel
4) Die Erythrocyten

21.09	21.12		
21.10	21.13		
21.11		21.3	Fragentyp B

Ordnen Sie den in Liste 1 genannten Substanzen die Aussagen in Liste 2 richtig zu.

Liste 1

21.09 5-Hydroxyindolessigsäure

21.10 γ-Aminobuttersäure

21.11 Glutaminsäure

21.12 Serotonin

21.13 Succinat

Liste 2

A. Vorstufe der γ-Aminobuttersäure

B. Abbauprodukt der γ-Aminobuttersäure

C. entsteht aus 5-Hydroxytryptophan

D. Transmittersubstanz inhibitorischer Neuronen

E. Abbauprodukt des Serotonins

21.14	21.3	Fragentyp D

Für Serotonin trifft zu:

1) Es ist ein Überträgerstoff nervöser Erregung im Zentralnervensystem.
2) An der Synthese ist das Enzym Monoaminoxidase beteiligt.
3) Ausgangssubstanz der Biosynthese ist Tryptophan.
4) Abbauprodukt ist die Homogentisinsäure.

21.15 21.3 Fragentyp A$_3$

Welche Aussage trifft <u>nicht</u> zu?
Neurotransmitter im Nervengewebe sind

A. Acetylcholin

B. Noradrenalin

C. Serotonin

D. Acylcarnitin

E. Dopamin

22. Binde- und Stützgewebe

22.01 22.1 Fragentyp A$_1$

Kollagen ist

A. der Hauptbestandteil von Haut, Haaren und Nägeln
B. der Hauptbestandteil von Zellmembranen
C. ein Polysaccharid des Bindegewebes
D. ein Speicherprotein für Eisen
E. ein Faserprotein des Bindegewebes

22.02 22.1 Fragentyp A$_1$

Charakteristisch für Kollagen ist sein Gehalt an

A. Keratin   D. Alanin
B. Hydroxyprolin   E. Hyaluronsäure
C. mehr als 5% Schwefel

22.03 22.1 Fragentyp D

Glykosaminoglykane (saure Mucopolysaccharide)

1) enthalten Sulfatester
2) sind anionische Linearpolymere
3) enthalten Aminozucker
4) kommen intracellulär gebunden an Nucleinsäuren vor

22.04 22.1 Fragentyp A$_1$

Die Hydroxylierung von Prolin- und Lysinresten des Kollagens findet statt

A. während der Peptidsynthese
B. am Protokollagen
C. nach Sekretion des Prokollagens in den extracellulären Raum
D. an der Kollagenfibrille
E. beim Abbau des Kollagens

22.05 22.1 Fragentyp A$_1$

Die biologische Halbwertszeit (in Tagen) von Kollagen im Muskel von Säugetieren beträgt:

A. 2 - 3   D. 300
B. 10 - 15   E. > 300
C. 30 - 60

22.06 22.2 Fragentyp D

Welche Reaktionen sind Teilschritte der Kollagenbiosynthese bzw. Kollagenfibrillenbildung?

1) Hydroxylierung von peptidgebundenem Prolin zu Hydroxyprolin
2) Kovalente Vernetzung von Peptidketten durch Aldiminbildung
3) Übertragung von Galaktose- und Glucoseresten auf die Kollagenvorstufe
4) Abspaltung eines N-terminalen Peptids vom Prokollagen

22.07 22.2 Fragentyp D

Die kovalente Vernetzung von extracellulärem Kollagen zu Kollagenfibrillen erfolgt durch

1) Peptidbindungen

2) Aldolkondensation

3) Disulfidbrücken

4) Aldiminbildung (Schiffsche Basen-Bildung)

22.08   22.2   Fragentyp D

Welche der folgenden Reaktionen ist ein Teilschritt der Kollagenbiosynthese?

1) Oxidative Desaminierung von ε-Aminogruppen der Lysin- bzw. Hydroxylysinreste

2) Synthese einer prosthetischen Kohlenhydratgruppe

3) Assoziation von 3 Peptidketten zu einer Dreikettenspirale

4) Sauerstoffabhängige Hydroxylierung von peptidgebundenen Prolin- und Lysinresten

---

22.09   22.2   Fragentyp A_3

Welche Aussage trifft <u>nicht</u> zu?
Mucopolysaccharid-Speicherkrankheiten (Mucopolysaccharidosen)

A. sind rezessiv vererbbare Krankheiten

B. sind molekularbiologisch durch eine vermehrte Mucopolysaccharidsynthese gekennzeichnet

C. sind in einigen Fällen als Defekte eines Mucopolysaccharid-abbauenden Enzyms erkannt

D. sind durch vermehrte Ausscheidung eines oder mehrerer Mucopolysaccharide im Urin charakterisiert

E. führen häufig zu Zwergwuchs bzw. Skeletdeformitäten

22.10   22.3   Fragentyp D

Die anorganische Substanz des Knochens (Skeletsystems)

1) besteht vorwiegend aus Hydroxylapatit
2) unterliegt einem ständigen Austausch mit dem Calcium und dem Phosphat des Blutplasmas
3) verringert sich unter Einwirkung unphysiologisch hoher Dosen von Parathormon
4) wird unter Mitwirkung von 1,25-Hydroxy-cholecalciferol eingelagert

22.11   22.3   Fragentyp A_3

Welche Aussage trifft nicht zu?

A. Knochen enthält 15-20% Kollagen.
B. Knochen enthält etwa 10% Wasser.
C. Knochen enthält etwa 70% anorganische Verbindungen.
D. Die Molekülverbindung von Calciumcarbonat und Magnesiumcarbonat macht 90% der anorganischen Substanz des Knochens aus.
E. Die Mineralisierung des Knochens wird durch Calcitonin stimuliert.

Antwortenschlüssel

1. Physikalisch-chemische Grundbegriffe

1.01	C	1.16	E	1.31	E
1.02	B	1.17	D	1.32	E
1.03	C	1.18	D	1.33	C
1.04	E	1.19	B	1.34	B
1.05	A	1.20	D	1.35	E
1.06	D	1.21	C	1.36	B
1.07	E	1.22	D	1.37	E
1.08	B	1.23	A	1.38	A
1.09	D	1.24	B	1.39	C
1.10	E	1.25	A	1.40	E
1.11	C	1.26	D	1.41	A
1.12	A	1.27	C	1.42	C
1.13	A	1.28	A	1.43	B
1.14	C	1.29	B	1.44	C
1.15	E	1.30	C	1.45	C

2. Aminosäuren und Proteine

2.01	B	2.22	A	2.43	C
2.02	C	2.23	D	2.44	B
2.03	B	2.24	E	2.45	A
2.04	A	2.25	B	2.46	A
2.05	D	2.26	A	2.47	B
2.06	B	2.27	C	2.48	B
2.07	C	2.28	D	2.49	B
2.08	D	2.29	B	2.50	A
2.09	B	2.30	D	2.51	A
2.10	B	2.31	C	2.52	E
2.11	D	2.32	A	2.53	C
2.12	C	2.33	C	2.54	B
2.13	E	2.34	D	2.55	D
2.14	D	2.35	D	2.56	C
2.15	B	2.36	D	2.57	D
2.16	A	2.37	E	2.58	C
2.17	D	2.38	A	2.59	C
2.18	E	2.39	C	2.60	E
2.19	D	2.40	D	2.61	B
2.20	C	2.41	A	2.62	C
2.21	B	2.42	E	2.63	D

2.64 C	2.66 A	2.68 A
2.65 D	2.67 B	2.69 D
		2.70 C

3. Enzyme, Coenzyme

3.01 B	3.25 C	3.49 A
3.02 A	3.26 D	3.50 D
3.03 E	3.27 A	3.51 B
3.04 B	3.28 B	3.52 B
3.05 A	3.29 A	3.53 A
3.06 D	3.30 E	3.54 D
3.07 E	3.31 C	3.55 D
3.08 D	3.32 B	3.56 A
3.09 A	3.33 A	3.57 D
3.10 C	3.34 C	3.58 B
3.11 B	3.35 B	3.59 A
3.12 B	3.36 C	3.60 A
3.13 E	3.37 E	3.61 A
3.14 C	3.38 C	3.62 D
3.15 B	3.39 D	3.63 C
3.16 B	3.40 D	3.64 D
3.17 A	3.41 D	3.65 A
3.18 D	3.42 C	3.66 D
3.19 E	3.43 A	3.67 C
3.20 D	3.44 C	3.68 E
3.21 A	3.45 E	3.69 A
3.22 E	3.46 B	3.70 B
3.23 D	3.47 C	3.71 B
3.24 B	3.48 D	3.72 D
		3.73 C
		3.74 E

4. Stoffwechsel der Aminosäuren

4.01 C	4.14 D	4.27 B
4.02 D	4.15 E	4.28 D
4.03 D	4.16 A	4.29 B
4.04 C	4.17 C	4.30 C
4.05 A	4.18 E	4.31 A
4.06 D	4.19 C	4.32 E
4.07 A	4.20 C	4.33 D
4.08 B	4.21 E	4.34 C
4.09 C	4.22 C	4.35 C
4.10 E	4.23 B	4.36 B
4.11 C	4.24 C	4.37 B
4.12 E	4.25 A	4.38 D
4.13 B	4.26 B	4.39 E

4.40	D	4.57	B	4.74	D
4.41	E	4.58	C	4.75	D
4.42	B	4.59	D	4.76	C
4.43	A	4.60	C	4.77	C
4.44	C	4.61	E	4.78	B
4.45	B	4.62	B	4.79	C
4.46	C	4.63	A	4.80	E
4.47	C	4.64	E	4.81	C
4.48	B	4.65	A	4.82	E
4.49	D	4.66	B	4.83	E
4.50	E	4.67	D	4.84	C
4.51	A	4.68	A	4.85	D
4.52	C	4.69	C	4.86	E
4.53	D	4.70	A		
4.54	E	4.71	A		
4.55	A	4.72	B		
4.56	D	4.73	A		

5. Nucleinsäuren und Molekularbiologie

5.01	C	5.29	B	5.57	E
5.02	D	5.30	A	5.58	E
5.03	A	5.31	A	5.59	B
5.04	E	5.32	B	5.60	D
5.05	B	5.33	B	5.61	C
5.06	B	5.34	D	5.62	C
5.07	A	5.35	C	5.63	B
5.08	D	5.36	D	5.64	C
5.09	E	5.37	D	5.65	A
5.10	B	5.38	E	5.66	C
5.11	C	5.39	D	5.67	D
5.12	D	5.40	C	5.68	B
5.13	D	5.41	C	5.69	E
5.14	E	5.42	B	5.70	A
5.15	C	5.43	E	5.71	D
5.16	B	5.44	E	5.72	C
5.17	A	5.45	A	5.73	C
5.18	D	5.46	E	5.74	D
5.19	D	5.47	B	5.75	A
5.20	B	5.48	E	5.76	A
5.21	A	5.49	A	5.77	B
5.22	E	5.50	C	5.78	D
5.23	C	5.51	D	5.79	E
5.24	D	5.52	E	5.80	C
5.25	D	5.53	D	5.81	A
5.26	E	5.54	E	5.82	A
5.27	B	5.55	D	5.83	C
5.28	A	5.56	E	5.84	C

6. Kohlenhydrate

6.01	B	6.49	B	6.97	A
6.02	D	6.50	C	6.98	E
6.03	E	6.51	A	6.99	E
6.04	A	6.52	B	6.100	C
6.05	C	6.53	A	6.101	E
6.06	C	6.54	B	6.102	E
6.07	E	6.55	D	6.103	D
6.08	B	6.56	D	6.104	C
6.09	D	6.57	A	6.105	E
6.10	A	6.58	E	6.106	A
6.11	B	6.59	A	6.107	D
6.12	E	6.60	B	6.108	B
6.13	A	6.61	C	6.109	A
6.14	C	6.62	A	6.110	A
6.15	D	6.63	B	6.111	C
6.16	E	6.64	D	6.112	E
6.17	B	6.65	B	6.113	D
6.18	C	6.66	C	6.114	A
6.19	C	6.67	C	6.115	B
6.20	E	6.68	D	6.116	E
6.21	D	6.69	A	6.117	A
6.22	A	6.70	D	6.118	A
6.23	E	6.71	C	6.119	B
6.24	B	6.72	B	6.120	A
6.25	A	6.73	C	6.121	C
6.26	B	6.74	C	6.122	E
6.27	B	6.75	D	6.123	E
6.28	E	6.76	A	6.124	A
6.29	E	6.77	E	6.125	C
6.30	C	6.78	B	6.126	E
6.31	A	6.79	C	6.127	D
6.32	C	6.80	A	6.128	C
6.33	E	6.81	C	6.129	E
6.34	B	6.82	C	6.130	A
6.35	D	6.83	D	6.131	C
6.36	A	6.84	B	6.132	C
6.37	C	6.85	B	6.133	C
6.38	A	6.86	E	6.134	E
6.39	C	6.87	C	6.135	C
6.40	C	6.88	A	6.136	B
6.41	A	6.89	B	6.137	B
6.42	B	6.90	C	6.138	E
6.43	B	6.91	A	6.139	A
6.44	C	6.92	D	6.140	D
6.45	E	6.93	D	6.141	E
6.46	A	6.94	C	6.142	E
6.47	D	6.95	C	6.143	A
6.48	B	6.96	B	6.144	D
				6.145	B

295

7. Lipide

7.01	A	7.29	C	7.57	C
7.02	B	7.30	A	7.58	C
7.03	B	7.31	C	7.59	A
7.04	A	7.32	A	7.60	C
7.05	A	7.33	D	7.61	B
7.06	C	7.34	C	7.62	C
7.07	A	7.35	C	7.63	D
7.08	E	7.36	A	7.64	B
7.09	E	7.37	C	7.65	C
7.10	D	7.38	B	7.66	C
7.11	B	7.39	E	7.67	C
7.12	E	7.40	C	7.68	C
7.13	A	7.41	A	7.69	C
7.14	C	7.42	C	7.70	B
7.15	C	7.43	C	7.71	D
7.16	E	7.44	C	7.72	D
7.17	C	7.45	A	7.73	A
7.18	A	7.46	E	7.74	A
7.19	E	7.47	E	7.75	C
7.20	C	7.48	B	7.76	D
7.21	E	7.49	E	7.77	E
7.22	E	7.50	A	7.78	A
7.23	B	7.51	D	7.79	B
7.24	E	7.52	D	7.80	A
7.25	D	7.53	A	7.81	E
7.26	E	7.54	D	7.82	D
7.27	D	7.55	E	7.83	D
7.28	B	7.56	D	7.84	E
				7.85	A

8. Biologische Oxidation

8.01	D	8.18	B	8.35	C
8.02	C	8.19	E	8.36	B
8.03	A	8.20	A	8.37	B
8.04	A	8.21	C	8.38	D
8.05	D	8.22	B	8.39	B
8.06	D	8.23	B	8.40	D
8.07	E	8.24	C	8.41	C
8.08	A	8.25	A	8.42	C
8.09	D	8.26	E	8.43	D
8.10	A	8.27	D	8.44	D
8.11	E	8.28	B	8.45	C
8.12	C	8.29	E	8.46	B
8.13	B	8.30	D	8.47	B
8.14	B	8.31	B	8.48	A
8.15	A	8.32	D	8.49	C
8.16	C	8.33	C	8.50	B
8.17	D	8.34	C	8.51	C

8.52	C	8.54	C	8.56	D
8.53	E	8.55	D	8.57	A
				8.58	E

9. Mineralstoffwechsel

9.01	D	9.13	E	9.25	B
9.02	A	9.14	A	9.26	D
9.03	B	9.15	B	9.27	C
9.04	C	9.16	A	9.28	A
9.05	E	9.17	A	9.29	D
9.06	A	9.18	C	9.30	B
9.07	C	9.19	B	9.31	E
9.08	A	9.20	C	9.32	C
9.09	B	9.21	A	9.33	B
9.10	A	9.22	C	9.34	B
9.11	C	9.23	E		
9.12	D	9.24	D		

10. Allgemeine Mechnismen der Stoffwechselregulation

10.01	B	10.07	B	10.13	E
10.02	D	10.08	A	10.14	C
10.03	B	10.09	B	10.15	A
10.04	A	10.10	A	10.16	B
10.05	D	10.11	C	10.17	C
10.06	A	10.12	C	10.18	D

11. Hormonelle Regulation

11.01	C	11.16	A	11.31	E
11.02	E	11.17	E	11.32	A
11.03	D	11.18	A	11.33	A
11.04	A	11.19	A	11.34	A
11.05	B	11.20	C	11.35	C
11.06	C	11.21	B	11.36	A
11.07	E	11.22	D	11.37	B
11.08	D	11.23	A	11.38	B
11.09	B	11.24	A	11.39	C
11.10	A	11.25	E	11.40	B
11.11	E	11.26	C	11.41	E
11.12	C	11.27	C	11.42	E
11.13	D	11.28	C	11.43	D
11.14	B	11.29	A	11.44	C
11.15	A	11.30	B	11.45	E

11.46 E	11.51 C	11.56 C
11.47 D	11.52 A	11.57 B
11.48 C	11.53 E	11.58 C
11.49 B	11.54 D	11.59 B
11.50 A	11.55 A	

12. Immunchemie

12.01 A	12.09 D	12.17 B
12.02 E	12.10 E	12.18 D
12.03 A	12.11 C	12.19 A
12.04 B	12.12 D	12.20 C
12.05 D	12.13 E	12.21 E
12.06 C	12.14 D	12.22 C
12.07 C	12.15 D	12.23 B
12.08 A	12.16 C	12.24 A

13. Vitamine und Coenzyme

13.01 C	13.23 A	13.45 A
13.02 E	13.24 C	13.46 C
13.03 D	13.25 B	13.47 B
13.04 A	13.26 E	13.48 C
13.05 B	13.27 A	13.49 B
13.06 B	13.28 D	13.50 B
13.07 C	13.29 A	13.51 A
13.08 C	13.30 E	13.52 E
13.09 E	13.31 B	13.53 D
13.10 D	13.32 C	13.54 E
13.11 C	13.33 D	13.55 B
13.12 B	13.34 B	13.56 E
13.13 A	13.35 B C	13.57 E
13.14 B	13.36 E	13.58 C
13.15 C	13.37 C	13.59 E
13.16 D	13.38 A	13.60 D
13.17 E	13.39 B	13.61 E
13.18 D	13.40 A	13.62 C
13.19 E	13.41 B	13.63 E
13.20 B	13.42 D	13.64 D
13.21 A	13.43 D	13.65 E
13.22 C	13.44 C	

14. Ernährung und Verdauung

14.01	B	14.25	A	14.49	B
14.02	D	14.26	E	14.50	C
14.03	A	14.27	D	14.51	E
14.04	E	14.28	C	14.52	E
14.05	C	14.29	B	14.53	D
14.06	A	14.30	A	14.54	C
14.07	B	14.31	D	14.55	D
14.08	B	14.32	D	14.56	B
14.09	C	14.33	D	14.57	B
14.10	D	14.34	C	14.58	C
14.11	B	14.35	A	14.59	D
14.12	C	14.36	B	14.60	B
14.13	A	14.37	E	14.61	C
14.14	E	14.38	B	14.62	E
14.15	D	14.39	C	14.63	A
14.16	D	14.40	A	14.64	B
14.17	B	14.41	E	14.65	C
14.18	C	14.42	C	14.66	B
14.19	D	14.43	C	14.67	E
14.20	C	14.44	B	14.68	B
14.21	B	14.45	A	14.69	B
14.22	A	14.46	C	14.70	E
14.23	E	14.47	D	14.71	E
14.24	B	14.48	E		

15. Topochemie der Zelle

15.01	E	15.14	D	15.27	C
15.02	A	15.15	E	15.28	B
15.03	D	15.16	D	15.29	B
15.04	C	15.17	B	15.30	E
15.05	B	15.18	E	15.31	C
15.06	E	15.19	A	15.32	A
15.07	C	15.20	C	15.33	B
15.08	D	15.21	E	15.34	C
15.09	B	15.22	C	15.35	E
15.10	A	15.23	A	15.36	C
15.11	B	15.24	E	15.37	B
15.12	C	15.25	E	15.38	C
15.13	B	15.26	B	15.39	A

16. Blut

16.01	C	16.04	E	16.07	A
16.02	E	16.05	A	16.08	C
16.03	C	16.06	C	16.09	B

16.10	D	16.34	B	16.58	A
16.11	E	16.35	C	16.59	C
16.12	A	16.36	E	16.60	E
16.13	B	16.37	C	16.61	D
16.14	C	16.38	B	16.62	C
16.15	C	16.39	E	16.63	D
16.16	C	16.40	D	16.64	A
16.17	B	16.41	E	16.65	E
16.18	B	16.42	E	16.66	B
16.19	D	16.43	E	16.67	D
16.20	D	16.44	C	16.68	E
16.21	A	16.45	C	16.69	D
16.22	C	16.46	C	16.70	A
16.23	D	16.47	C	16.71	B
16.24	E	16.48	D	16.72	C
16.25	C	16.49	E	16.73	B
16.26	C	16.50	D	16.74	B
16.27	D	16.51	A	16.75	D
16.28	B	16.52	D	16.76	E
16.29	E	16.53	D	16.77	E
16.30	A	16.54	C	16.78	C
16.31	E	16.55	D	16.79	D
16.32	B	16.56	C		
16.33	C	16.57	B		

17. Leber

17.01	D	17.12	C	17.22	C
17.02	B	17.13	D	17.23	B
17.03	A	17.14	A	17.24	B
17.04	E	17.15	B	17.25	C
17.05	C	17.16	B	17.26	E
17.06	B	17.17	B	17.27	C
17.07	D	17.18	D	17.28	B
17.08	D	17.19	E	17.29	A
17.09	E	17.20	D	17.30	A
17.10	A	17.21	A	17.31	D
17.11	D			17.32	D

18. Niere und Harn

18.01	D	18.06	B	18.11	E
18.02	C	18.07	E	18.12	A
18.03	C	18.08	D	18.13	C
18.04	D	18.09	B	18.14	A
18.05	C	18.10	C	18.15	A
				18.16	E

19. Fettgewebe

19.01	E	19.04	D
19.02	B	19.05	A
19.03	B	19.06	B

20. Muskelgewebe

20.01	A	20.07	C	20.13	B
20.02	B	20.08	A	20.14	A
20.03	C	20.09	C	20.15	A
20.04	D	20.10	E	20.16	D
20.05	C	20.11	A	20.17	E
20.06	D	20.12	D	20.18	B
				20.19	A

21. Nervengewebe

21.01	C	21.06	C	21.11	A
21.02	D	21.07	A	21.12	C
21.03	C	21.08	C	21.13	B
21.04	E	21.09	E	21.14	B
21.05	E	21.10	D	21.15	D

22. Binde- und Stützgewebe

22.01	E	22.05	C	22.09	B
22.02	B	22.06	E	22.10	E
22.03	A	22.07	C	22.11	D
22.04	B	22.08	E		

Anhang: Fragen des Instituts für Medizinische und Pharmazeutische Prüfungsfragen (IMPP) in Mainz aus den ärztlichen Vorprüfungen 1976–1978

1. Physikalisch-chemische Grundbegriffe

1.01 1.1 Fragentyp A_3

Welche der folgenden Bedingungen ist <u>nicht</u> Voraussetzung für die Gültigkeit des Massenwirkungsgesetzes?

(A) isotherme Reaktionsführung

(B) geschlossenes System

(C) eingestelltes Gleichgewicht

(D) Verwendung von Aktivitäten an Stelle von Konzentrationen in konzentrierten Lösungen

(E) Anwesenheit eines Katalysators

1.02 1.1 Fragentyp A_1

Von welcher der folgenden Verbindungen kann unter Bildung von ATP Phosphat auf ADP übertragen werden?

(A) Glycerinsäure-3-phosphat

(B) Fructose-1,6-bisphosphat

(C) Glucose-1-phosphat

(D) Glycerin-1-phosphat

(E) Kreatinphosphat

1.03 1.1 Fragentyp A_1

Welche Aussage trifft zu?
Die biologische Halbwertszeit

(A) ist die Hälfte derjenigen Reaktionsgeschwindigkeit, die maximal beim Ablauf einer enzymatischen Reaktion erreicht werden kann

(B) ist diejenige Zeit, in der im Zustand des Fließgleichgewichts (steady state) von einer bestimmten Substanz im Stoffwechsel die Hälfte umgesetzt, abgebaut oder ausgeschieden wird

(C) ist diejenige Zeit, die ein offenes System (z.B. eine Zelle) zur Einstellung eines Fließgleichgewichts benötigt

(D) bezeichnet den Zeitraum, innerhalb dessen sich eine Zelle durch Mitose teilt

(E) ist ein Maß für die Geschwindigkeit, mit der ein Substrat die Zellmembran passieren kann

1.04   1.1   Fragentyp A_1

Welche Aussage trifft zu?
Die freie Energie (bzw. freie Enthalpie) einer freiwillig verlaufenden Reaktion

(A) bleibt während des Reaktionsablaufs konstant

(B) nimmt während des Reaktionsablaufs ab

(C) nimmt während des Reaktionsablaufs zu

(D) ist unabhängig von der Freiwilligkeit des Reaktionsablaufs

(E) hängt von der Aktivierung der Reaktion ab

1.05
1.06   1.3   Fragentyp B

In der Titrationskurve ist der pH-Wert aufgetragen, der
bei Zusatz von 1 N NaOH zu 100 ml einer 1 N Lösung einer
schwachen Säure gemessen wurde.
Ordnen Sie die Buchstaben in der Skizze den Begriffen
der Liste zu.

Liste

1.06 Neutralpunkt

1.07 pK_s-Wert der Säure

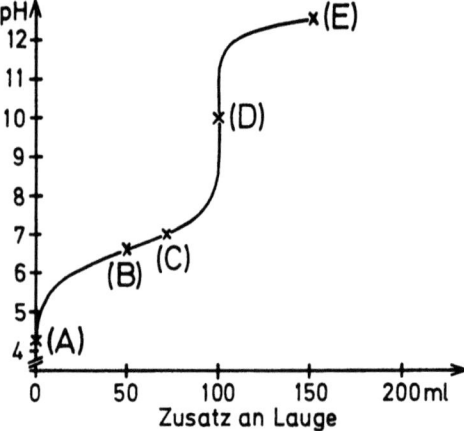

2. Aminosäuren und Proteine

2.01   2.3   Fragentyp A_1

Welche Antwort trifft zu?
Die Pufferwirkung der Blutplasmaproteine bei pH 7,4 beruht darauf, daß sie

(A) als hydratisierte Makromoleküle einen Teil des Lösungsmittels binden
(B) je eine terminale NH_2- und COOH-Gruppe enthalten
(C) Monoaminodicarbonsäuren enthalten
(D) ihr isoelektrischer Punkt zwischen pH 7 und pH 8 liegt
(E) Histidinreste enthalten

2.02   2.3   Fragentyp A_3

Welche Aussage zum Histidin trifft nicht zu?

(A) Es kommt in Proteinen ausschließlich in der L-Form vor.
(B) Histidin ist eine basische Aminosäure.
(C) Es enthält einen Pyrrolring als Heterocyclus.
(D) Die pK-Werte des Histidins von etwa 2,6 und 9 zeigen, daß Histidin gutes Pufferungsvermögen in der Nähe des Neutralpunktes hat.
(E) Durch Decarboxylierung von Histidin entsteht Histamin.

2.03 2.2 Fragentyp A_3

Zwischen 2 benachbarten Peptidketten eines Proteins kann es zur Ausbildung chemischer Bindungen kommen.
Welcher der aufgeführten Bindungstypen kommt <u>nicht</u> vor?

(A) 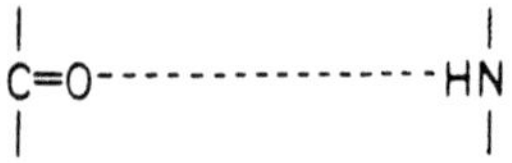 $-C=O \cdots\cdots\cdots HN-$

(B) $-C_6H_5 \quad (H_3C)_2CH-$

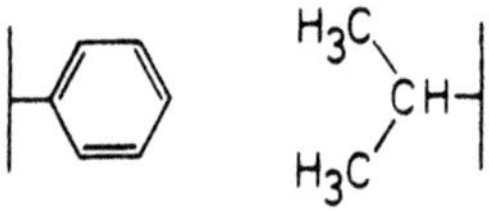

(C) $-NH_3^{\oplus} \quad {}^{\ominus}OOC-$

(D) 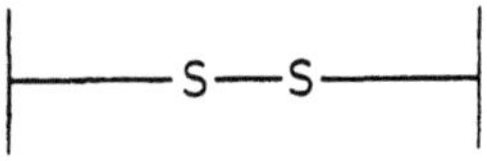 $-S-S-$

(E) 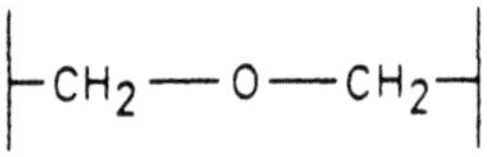 $-CH_2-O-CH_2-$

2.04 2.3 Fragentyp A_1

Proteine ergeben mit Blutreagenz einen Cu-Komplex, weil sie

(A) Säureamidgruppen besitzen
(B) eine Sekundärstruktur besitzen
(C) im alkalischen Milieu hydrolysieren
(D) Ampholyte sind
(E) Makromoleküle sind

2.05	2.3	Fragentyp C

Bei der Denaturierung eines Proteins geht die biologische Aktivität verloren,

weil

die Denaturierung eines Proteins im allgemeinen eine Verminderung der Löslichkeit bewirkt.

3. *Enzyme, Coenzyme*

3.01   3.1   Fragentyp A_3

Welche Aussage trifft <u>nicht</u> zu?

(A) Die Produkthemmung ist für die Anfangsgeschwindigkeit einer Reaktion nicht von Bedeutung.

(B) Bei der unkompetitiven Hemmung kann durch Erhöhung der Substratkonzentration das V_{max} der ungehemmten Reaktion erreicht werden.

(C) Bei Hemmung durch Substratüberschuß erhält man im Lineweaver-Burk-Diagramm eine Kurve, welche die $\frac{1}{v}$ - Achse nicht schneidet.

(D) Bei der kompetitiven Hemmung konkurrieren Substrat und Inhibitor um das aktive Zentrum.

(E) Bei der nichtkompetitiven Hemmung wird die Michaeliskonstante nicht beeinflußt.

3.02   3.1   Fragentyp A_1

Welche Antwort trifft zu?
In welche der folgenden 5 Klassen gehört das Enzym Fructose-1,6-bisphosphat-Aldolase?

(A) Lyasen

(B) Isomerasen

(C) Oxidoreduktasen

(D) Transferasen

(E) Hydrolasen

3.03   3.1   Fragentyp A_1

Welche Antwort trifft zu?
Bei welchem der folgenden Enzym-Paare besitzen die beiden Enzyme ähnliche Substratspezifität und katalysieren die gleiche Reaktion?

(A) Lactatdehydrogenase - Lactase
(B) Urease - Uricase
(C) Hexokinase - Glucokinase
(D) Arginase - Asparaginase
(E) Phosphorylase - Phosphatase

3.04   3.1   Fragentyp C

Bei Substratsättigung ist die maximale Reaktionsgeschwindigkeit von der Enzymkonzentration abhängig,

weil

die Reaktionsgeschwindigkeit der Zahl der Enzymsubstratkomplexe proportional ist.

3.05   3.1   Fragentyp A_1

Welche Aussage trifft zu?
Ein Enzym

(A) erhöht die Energieausbeute einer Reaktion
(B) setzt eine thermodynamisch nicht mögliche Reaktion in Gang
(C) verschiebt das Gleichgewicht einer Reaktion
(D) beschleunigt die Gleichgewichtseinstellung einer Reaktion
(E) kann alle oben genannten Wirkungen haben

3.06 3.1.1 Fragentyp A_3

Welche Aussage trifft <u>nicht</u> zu?

(A) Bei der Fällung eines Enzymproteins mit Ammoniumsulfat tritt irreversible Denaturierung ein.
(B) Allosterische Effectoren können die Konformation von Enzymen mit Quartärstruktur verändern.
(C) Die Konformation eines Enzymproteins wird durch die Primärstruktur beeinflußt.
(D) Die Hitzeinaktivierung eines Enzyms führt zur Konformationsänderung.
(E) An der Aufrechterhaltung der Konformation eines Proteins sind Wasserstoffbindungen beteiligt.

3.07 3.1.1 Fragentyp C

Die Lactat-Dehydrogenase (LDH) besitzt eine Quartärstruktur,

<u>weil</u>

LDH aus mehr als 2 Proteinuntereinheiten zusammengesetzt ist.

3.08 3.1.1 Fragentyp D

Das aktive Zentrum eines Enzyms

(1) kann eine katalytisch funktionelle Thiolgruppe enthalten
(2) bildet sich durch Wechselwirkung der N-terminalen und C-terminalen Aminosäure eines Enzyms
(3) ist die Bindungsstelle für die Zusammenlagerung mehrerer Proteinuntereinheiten zur Quartärstruktur
(4) bezeichnet den Teil des Enzyms, an dem die Umsetzung des Substrats zum Reaktionsprodukt stattfindet

(A) Nur 1 und 3 sind richtig
(B) Nur 1 und 4 sind richtig
(C) Nur 3 und 4 sind richtig
(D) Nur 1, 2 und 3 sind richtig
(E) Nur 1, 2 und 4 sind richtig

3.09   3.1.2   Fragentyp A_1

Welche Aussage trifft zu?
Substratsättigung bedeutet in der Enzymkinetik:

(A) Alle Enzymmoleküle liegen in einem Enzym-Substrat-Komplex vor.
(B) Die Substratkonzentration ist gleich der Enzymkonzentration.
(C) Es liegt eine Substrat-gesättigte Lösung vor.
(D) Die Reaktionsgeschwindigkeit entspricht K_m.
(E) Die Substratkonzentration ist groß im Vergleich zur Konzentration der Reaktionsprodukte.

3.10   3.1.2   Fragentyp A_1

Unter Allosterie versteht man

(A) die Speicherung eines Stoffes (z.B. Glykogen) in verschiedenen Organen
(B) die Beeinflussung der Enzymaktivität durch Bindung eines Effectors
(C) die Tatsache, daß zwei entgegengesetzt verlaufende Stoffwechselwege (z.B. Glykolyse und Gluconeogenese) teilweise unterschiedliche Enzyme benutzen
(D) die kompetitive Hemmung eines Enzyms durch einen Stoff, der kein Substrat ist
(E) die gleichzeitige Bindung zweier Substratmoleküle im aktiven Zentrum eines Enzyms

3.11 3.1.2 Fragentyp A_3

Welche Aussage trifft nicht zu?
Bei der kompetitiven Hemmung einer enzymatischen Reaktion

(A) konkurriert der Inhibitor mit dem Substrat um das aktive Zentrum des Enzyms

(B) bleibt die Maximalgeschwindigkeit im Vergleich zur ungehemmten Reaktion unverändert

(C) hängt das relative Ausmaß der Hemmung vom Konzentrationsverhältnis Inhibitor/Substrat ab

(D) wird der Hemmeffekt mit steigender Substratkonzentration geringer (bei konstanter Inhibitorkonzentration)

(E) bleibt die Michaelis-Konstante im Vergleich zur ungehemmten Reaktion unverändert

3.12 3.1.2 Fragentyp A_1

Welche Aussage trifft zu?
In Gegenwart eines kompetitiven Inhibitors ist zur Erzielung des Enzym-Substrat-Komplexes eine höhere Substrat-Konzentration erforderlich als ohne Inhibitor. Der K_m-Wert ist unter diesen Bedingungen

(A) nicht mehr bestimmbar

(B) unverändert

(C) erniedrigt

(D) erhöht

(E) unabhängig von V_{max}

3.13   3.1   Fragentyp A_3

Welche Aussage trifft nicht zu?
Die molekulare Aktivität ("Wechselzahl") eines Enzyms

(A) hängt von der Temperatur ab
(B) ist ein Maß für die Enzymaktivität
(C) wird unter Verwendung des Molekulargewichts des Enzyms berechnet
(D) ist abhängig von der Wasserstoffionenkonzentration
(E) ist ein Maß für die Stabilität des Enzymsubstratkomplexes

4. Stoffwechsel der Aminosäuren

4.01   4.1   Fragentyp A$_1$

Welche Aussage trifft zu?
Bei der Cystinurie werden im Harn neben Cystin größere
Mengen Lysin und Arginin gefunden. Dieser Befund beruht
auf

(A) erhöhtem Proteinumsatz

(B) einem Enzymdefekt der Cystathionin-Synthetase

(C) einer tubulären Rückresorptionsstörung

(D) einem gemeinsamen Syntheseweg für Cystein, Arginin und Lysin

(E) Keine der oben genannten Antworten ist richtig.

4.02   4.1   Fragentyp A$_3$

Welche Antwort trifft *nicht* zu?
Bei der Transaminierung

(A) wird eine Aminosäure in eine Ketosäure überführt

(B) können aus Ketosäuren nichtessentielle Aminosäuren gebildet werden

(C) kann Alanin zu Pyruvat umgesetzt werden

(D) wird Ammoniak freigesetzt

(E) wird Pyridoxalphosphat als Coenzym benötigt

4.03
4.04   4.1   Fragentyp B

Ordnen Sie bitte den in Liste 1 aufgeführten stickstoffhaltigen Verbindungen die Aussagen aus Liste 2 zu.

Liste 1	Liste 2
4.03 Harnsäure	(A) ist Reaktionsprodukt der Xanthinoxidase-Reaktion
4.04 Harnstoff	(B) wird beim Menschen in einer Menge von 20 - 30 mg/24 h mit dem Harn ausgeschieden
	(C) wird durch das Enzym Urease zu CO_2 und Ammoniak abgebaut
	(D) kann die Ursache einer metabolischen Acidose sein
	(E) entsteht beim Abbau von Häm

4.05   4.1   Fragentyp D

Die Aminosäure Alanin kann im Stoffwechsel in Glucose-6-phosphat umgewandelt werden. Dieser Prozeß

(1) kennzeichnet Alanin als glucogene Aminosäure
(2) wird als Gluconeogenese bezeichnet
(3) setzt die oxidative Decarboxylierung des Albumins voraus
(4) kennzeichnet Alanin als essentielle Aminosäure

(A) Nur 1 ist richtig
(B) Nur 2 ist richtig
(C) Nur 1 und 2 sind richtig
(D) Nur 1 und 3 sind richtig
(E) Nur 2 und 4 sind richtig

4.06 4.1.1 Fragentyp A_3

Welche Aussage trifft **nicht** zu?
Transaminierungsreaktionen

(A) sind für die Biosynthese des Lysins in der menschlichen Leber unentbehrlich
(B) sind in allen Organen nachweisbar
(C) sind beim Wasserstofftransport vom Zytoplasma in die Mitochondrien beteiligt
(D) sind Pyridoxalphosphat-abhängig
(E) übertragen Aminogruppen auf α-Ketosäuren

4.07 4.1.3 Fragentyp A_1

Welche Aussage trifft zu?
Glutaminsäure-Dehydrogenase

(A) ist im Zentralnervensystem an der Bildung von γ-Aminobuttersäure beteiligt
(B) wandelt D-Glutaminsäure in L-Glutaminsäure um
(C) ist ein "Leitenzym" der Mitochondrien
(D) benötigt FAD als Coenzym
(E) oxidiert Glutaminsäure zur Glutarsäure

4.08 4.2.2 Fragentyp A_3

Welche der folgenden Abbaureaktionen trifft **nicht** zu?

(A) Prolin ⟶ α-Ketoglutarat
(B) Phenylalanin ⟶ Fumarat
(C) Asparaginsäure ⟶ Propionsäure
(D) Valin ⟶ Succinyl-CoA
(E) Äthanol ⟶ Acetyl-CoA

4.09 4.2.5 Fragentyp D

Welche Behauptungen über Tyrosin sind richtig?

(1) Tyrosin ist nur dann eine essentielle Aminosäure, wenn im Organismus das Enzym Phenylalaninhydroxylase fehlt.
(2) Aus Tyrosin entsteht durch Abbau Acetoacetat.
(3) Die Hydroxylierung von Tyrosin ist notwendig zur Bildung von Adrenalin.
(4) Tyrosin ist Bestandteil fast aller Proteine.
(5) Aus Tyrosin entstehen Verbindungen, die Säugetiere gegen ultraviolette Strahlen schützen.

(A) Nur 1 und 4 sind richtig
(B) Nur 1, 3 und 4 sind richtig
(C) Nur 1, 3 und 5 sind richtig
(D) Nur 2, 4 und 5 sind richtig
(E) 1 - 5 = alle sind richtig

4.10　　　　　　　　4.2.6　　　　　　Fragentyp A_1

Der autosomal recessiv vererbten Phenylketonurie liegt welcher Enzymdefekt zugrunde?

(A) Phenylpyruvat-Decarboxylase-Mangel
(B) Phenol-Oxidase-Mangel
(C) Hydroxyphenylalanin-Hydroxylase-Mangel
(D) Phenylalanin-Transaminase-Mangel
(E) Phenylalanin-Hydroxylase-Mangel

5. Nucleinsäuren und Molekularbiologie

5.01   5.1   Fragentyp D

Die DNA eukaryoter Zellen

(1) liegt in der Doppelhelix in zwei gegenläufig angeordneten Polynucleotidketten vor
(2) wird bei der Replikation in 5'-3'-Richtung synthetisiert
(3) enthält im Doppelstrang äquimolare Mengen von Adenin und Cytosin
(4) kommt ausschließlich im Zellkern vor

(A) Nur 1 und 2 sind richtig
(B) Nur 1 und 4 sind richtig
(C) Nur 2 und 3 sind richtig
(D) Nur 1, 2 und 3 sind richtig
(E) Nur 2, 3 und 4 sind richtig

5.02   5.1   Fragentyp D

DNA ist enthalten in

(1) Zellmembranen
(2) Zellkernen
(3) Ribosomen
(4) Mitochondrien
(5) Lysosomen

(A) Nur 2 ist richtig
(B) Nur 2 und 3 sind richtig
(C) Nur 2 und 4 sind richtig
(D) Nur 3 und 4 sind richtig
(E) 1 - 5 = alle sind richtig

5.03 5.2 Fragentyp A_3

Welche Aussage zum Thymin trifft **nicht** zu?

(A) Ersetzt man die Methylgruppe des Thymins durch ein H-Atom, dann erhält man Uracil.
(B) Thymin ist Bestandteil der DNA.
(C) Das Ringsystem des Thymins ist genau so groß wie das des Adenins.
(D) Der Ring enthält zwei Stickstoffatome.
(E) Alle C-Atome des Heterocyclus sind sp^2-hybridisiert.

5.04 5.2.1 Fragentyp A_3

Welche Aussage trifft **nicht** zu?
ATP (Adenosintriphosphat)

(A) enthält 2 Säureanhydridbindungen
(B) ist Substrat der Adenyl-Cyclase
(C) wird im Stoffwechsel aus ADP und anorganischem Phosphat gebildet
(D) besteht aus einer Pyrimidinbase, einer Ribose und 3 Phosphorsäureresten
(E) ist unmittelbare Energiequelle zahlreicher endergonischer Reaktionen des Intermediärstoffwechsels

5.05 5.2.2 Fragentyp A_3

Welche Bezeichnung der im Schema des Purinabbaus dargestellten Zwischen- und Endprodukte trifft **nicht** zu?

(A) Inosin
(B) Guanosin
(C) Orotsäure
(D) Harnsäure
(E) Allantoin

Adenosin → A → Hypoxanthin → C
B → Guanin → C
C → D
D → Uricase → E

5.06　　　　　　　　　5.3　　　　　　　　Fragentyp A₁

Ein Phage hat eine einsträngige DNA von folgender relativer Zusammensetzung:

A:　1,0　　C:　0,75　　G:　0,98　　T:　1,33

Welche Zusammensetzung hat die komplementäre RNA?

	A:	C:	G:	T:	U:
(A)	0,75	1,00	1,33	0,00	0,98
(B)	1,33	0,98	0,75	0,00	1,00
(C)	1,00	0,98	0,75	0,00	1,33
(D)	1,33	0,75	1,00	0,00	0,75
(E)	1,33	0,98	0,75	0,50	0,50

5.07　　　　　　　　　5.3　　　　　　　　Fragentyp D

Prüfen Sie bitte folgende Aussagen über RNA.

(1) mRNA hat eine helikale, doppelsträngige Struktur.
(2) mRNA muß in der eukaryoten Zelle vom Kern in das Cytoplasma diffundieren können.
(3) Die Biosynthese von mRNA erfordert die Mitwirkung von DNA.
(4) RNA ist in manchen Viren das genetische Material.

(A) Nur 4 ist richtig
(B) Nur 1 und 3 sind richtig
(C) Nur 1, 2 und 3 sind richtig
(D) Nur 2, 3 und 4 sind richtig
(E) 1 - 4 = alle sind richtig

5.08　　　　　　　　　5.4　　　　　　　　Fragentyp A₁

Welche Aussage trifft zu?
Puromycin

(A) verhindert bei der Proteinbiosynthese die Bildung des Initiationskomplexes
(B) führt bei der Proteinbiosynthese zum Kettenabbruch
(C) verhindert die Aktivierung der Aminosäure zur Aminoacyl-AMP-Verbindung

(D) hemmt die Aktivität der RNA-Polymerase

(E) blockiert die Transkription

5.09 5.4 Fragentyp A_1

Was versteht man unter "Degeneration" des genetischen Codes?

(A) Fast alle Aminosäuren werden durch mehr als ein Basentriplett codiert.

(B) Es gibt einen Verlust an Information bei der Transkription.

(C) Der Code überlappt, eine Änderung einer der 3 Basen bestimmt die Änderung mehrerer Aminosäuren.

(D) Tripletts der DNA können nur für eine Aminosäure codieren.

(E) Degeneration weist auf einen Verlust an genetischer Information bei der Translation hin.

5.10 5.4 Fragentyp D

Die Information für die Synthese aller Genprodukte wird als Code bezeichnet.
Von folgenden Feststellungen sind richtig:

(1) Der Code setzt sich jeweils aus Basen-Tripletts zusammen.

(2) Der Code ist universell. Die Basenfolge hat in allen bisher untersuchten Systemen die gleiche Bedeutung.

(3) Der Code ist nicht universell. Die Basenfolge hat für den Menschen eine andere Bedeutung als für die Hefe (Folge der Evolution).

(4) Beim Menschen wird der Code durch 46 Gene pro Zelle (diploider Satz) gebildet.

(A) Nur 3 ist richtig

(B) Nur 1 und 2 sind richtig

(C) Nur 1 und 3 sind richtig

(D) Nur 3 und 4 sind richtig

(E) Nur 1, 2 und 4 sind richtig

5.11　　　　　　　　　　5.4　　　　　　　　　　Fragentyp A₃

Welche Aussage trifft <u>nicht</u> zu?
Folgende Antibiotica hemmen die Proteinbiosynthese:

(A) Cycloheximid
(B) Streptomycin
(C) Chloramphenicol
(D) Puromycin
(E) Penicillin

5.12　　　　　　　　　　5.4　　　　　　　　　　Fragentyp D

Die Proteinbiosynthese erfordert folgende Teilschritte:

(1) Bildung von mRNA
(2) Bindung der mRNA an Ribosomen
(3) Aktivierung der Aminosäure
(4) Anheftung einer Aminosäure an die ribosomale RNA

(A) Nur 1 und 2 sind richtig
(B) Nur 1 und 3 sind richtig
(C) Nur 1, 2 und 3 sind richtig
(D) Nur 2, 3 und 4 sind richtig
(E) 1 - 4 = alle sind richtig

6. Kohlenhydrate

6.01　　　　　　　　6.1.1　　　　　　　Fragentyp A_3

Welche Angabe zu nebenstehender Verbindung trifft nicht zu?

(A) R-Konfiguration
(B) Milchsäure
(C) optisch aktiv
(D) zu Malonsäure oxidierbar
(E) α-Hydroxy-carbonsäure

$$\text{H} - \underset{\underset{CH_3}{|}}{\overset{\overset{COOH}{|}}{C}} - OH$$

6.02　　　　　　　　6.1.1　　　　　　　Fragentyp A_1

Welche Feststellung über Glucosamin trifft zu?

(A) Glucosamin und Galaktosamin unterscheiden sich in der Konfiguration der Aminogruppen.
(B) Glucosamin hat ein asymmetrisches Kohlenstoffatom weniger als Glucose.
(C) Glucosamin-6-phosphat wird aus Glutamin als Stickstoffdonator und Fructose-6-phosphat gebildet.
(D) Glucosamin ist Aminogruppendonator bei der Purinbiosynthese.
(E) N-Acetylglucosamin ist Bestandteil der Neuraminsäure.

6.03　　　　　　　　6.2　　　　　　　　Fragentyp C

Nahrungskarenz führt zu einer vorübergehenden Hyperglykämie,

weil

der Organismus im Hunger seine Leberglykogen-Vorräte mobilisiert.

6.04   6.2   Fragentyp C

Die Zufuhr von Zucker als Fructose ist bei Insulinmangel (Diabetes mellitus) vorteilhaft,

weil

Fructose unter ATP-Gewinn abgebaut wird.

6.05   6.2   Fragentyp A_1

Welche Aussage trifft zu?
Ein Enzym, das die Umwandlung von Glucose-6-phosphat in Fructose-6-phosphat katalysiert, ist eine

(A) Transglucosidase

(B) Transferase

(C) Kinase

(D) Isomerase

(E) Phosphatase

6.06   6.2   Fragentyp A_1

Welche Aussage trifft zu?
Die anaerobe Glykolyse

(A) kommt zum Stillstand, wenn das entstehende NADH + H^+ nicht in der Atmungskette zu NAD^+ oxidiert wird

(B) ist ein energieliefernder Prozeß, der pro Mol metabolisierte Glucose 2 Mol ATP liefert

(C) erfordert die ständige Zufuhr von ATP

(D) verläuft nach der Bilanzgleichung Glucose ⟶ 2 Acetyl-CoA + CO_2

(E) wird durch hohe ATP-Konzentration stimuliert

6.07   6.2   Fragentyp A_3

Welche Aussage trifft nicht zu?
Beim Umsatz von Glucose in der anaeroben Glykolyse sind folgende Verbindungen Zwischenprodukte:

(A) Fructose-6-phosphat
(B) Glucose-6-phosphat
(C) Glucose-1-phosphat
(D) Fructose-1,6-bisphosphat
(E) 3-Phosphoglycerinaldehyd

6.08 6.2 Fragentyp A_3

Welche Aussage trifft <u>nicht</u> zu?
Das im anaerob arbeitenden Skelettmuskel gebildete Lactat kann

(A) von der Leber nach Durchlaufen der Gluconeogenese als freie Glucose ans Blut abgegeben werden
(B) durch die Niere ausgeschieden werden
(C) im Blut zu einer metabolischen Acidose führen
(D) in der Leber zu Glykogen aufgebaut werden
(E) im Skelettmuskel quantitativ zu CO_2 abgebaut werden

6.09 6.2.2 Fragentyp A_1

Welche Aussage trifft zu?
Die anaerobe Glykolyse

(A) verläuft nach der Bilanzgleichung Glucose ⟶ 2 Acetyl-CoA + CO_2
(B) erfordert die ständige Zufuhr von ATP
(C) ist ein energieliefernder Prozeß, der pro Mol metabolisierte Glucose 2 Mol ATP liefert
(D) kommt zum Stillstand, wenn das entstehende NADH + H^+ nicht in der Atmungskette zu NAD^+ oxidiert wird
(E) wird durch einen strukturgebundenen Multienzymkomplex der Mikrosomen katalysiert

6.10   6.2.3   Fragentyp A_1

Welche Antwort trifft zu?
Das Enzym Glucokinase, welches die Phosphorylierung der Glucose zu Glucose-6-phosphat katalysiert,

(A) benötigt Guanosintriphosphat (GTP) als Coenzym

(B) wird durch sein Reaktionsprodukt (Glucose-6-phosphat) gehemmt

(C) besitzt eine größere Michaelis-Konstante als Hexokinase

(D) kommt vorwiegend im Muskelgewebe vor

(E) ist Schrittmacherenzym der Gluconeogenese

6.11   6.4   Fragentyp A_1

Welche Aussage trifft zu?
Unter Gluconeogenese versteht man

(A) die Freisetzung von Glucose aus Glykogen

(B) die Neubildung von Glucose aus Kohlendioxid und Wasser in der Pflanze

(C) eine erbliche Stoffwechselstörung mit pathologisch gesteigerter Glucosesynthese

(D) den Aufbau von Glucose unter Beteiligung von Enzymen der Glykolyse

(E) die Induktion der an der Glucosesynthese beteiligten Enzyme

6.12   6.4.1   Fragentyp A_1

Die Gluconeogenese ist eine teilweise Umkehrung der Glykolyse. Welches der unter A-E aufgeführten Enzyme ist nur an der Gluconeogenese beteiligt?

(A) Triosephosphat-Isomerase

(B) Phosphoglycerat-Mutase

(C) Phosphofructokinase

(D) Fructose-1,6-bisphosphatase

(E) Glucose-6-phosphat-Isomerase

6.13   6.4.2   Fragentyp D

Gluconeogenese ist möglich in

(1) Leber
(2) Niere
(3) Gehirn

(A) Nur 1 ist richtig
(B) Nur 1 und 2 sind richtig
(C) Nur 1 und 3 sind richtig
(D) Nur 2 und 3 sind richtig
(E) 1 - 3 = alle sind richtig

6.14   6.4.3   Fragentyp D

Die Aminosäure Alanin kann im Stoffwechsel in Glukose-6-phosphat umgewandelt werden. Dieser Prozeß

(1) kennzeichnet Alanin als glucogene Aminosäure
(2) wird als Gluconeogenese bezeichnet
(3) setzt die oxidative Decarboxylierung des Alanins voraus
(4) kennzeichnet Alanin als essentielle Aminosäure

(A) Nur 1 ist richtig
(B) Nur 2 ist richtig
(C) Nur 1 und 2 sind richtig
(D) Nur 1 und 3 sind richtig
(E) Nur 2 und 4 sind richtig

6.15   6.5   Fragentyp A_1

Welche Antwort trifft zu?
Die G-6-P-Dehydrogenase benötigt folgendes Coenzym:

(A) Flavin-Mono-Nucleotid
(B) Nicotinamid-Adenin-Dinucleotid-Phosphat
(C) Nicotinamid-Adenin-Dinucleotid
(D) Thiaminpyrophosphat
(E) Flavin-Adenin-Dinucleotid

6.16 6.5.1 Fragentyp A$_3$

Welche Aussage trifft nicht zu?
Der Pentosephosphatweg führt zur Bildung von

(A) Erythrose-4-phosphat
(B) Xylulose-5-phosphat
(C) Fructose-1,6-bisphosphat
(D) Gluconsäure-6-phosphat
(E) Fructose-6-phosphat

6.17 6.6 Fragentyp A$_1$

Welche Antwort trifft zu?
Was ist die Ursache dafür, daß Muskelglykogen nicht direkt zur Regulation des Blutzuckerspiegels herangezogen werden kann?

(A) Die Glykogenspeicherung im Muskel ist minimal.
(B) Der Glykogenabbau in der Muskelzelle wird nicht durch Adrenalin beeinflußt.
(C) Die Muskelzelle enthält keine Hexokinase.
(D) Die Muskelzelle enthält keine Glucose-6-Phosphatase.
(E) Der Glucosestoffwechsel der Muskelzelle ist insulinunabhängig.

6.18 6.6.1 Fragentyp A$_1$

Welche Aussage trifft zu?
Ein Enzym, das folgende Reaktion katalysiert,
Glykogen + Phosphat → Glucose-1-phosphat + Glykogen
                                    (minus 1 Glucose-Einheit)
nennt man

(A) Phosphoglucomutase
(B) Glucosidase
(C) Glucokinase
(D) Phosphatase
(E) Phosphorylase

6.19 6.7 Fragentyp A$_1$

Welche Aussage trifft zu?
Als Glucuronsäure-Konjugate bezeichnet man

(A) die aus N-Acetylglucosamin und Glucuronsäure bestehende Disaccharideinheit
(B) Nichtkohlenhydrate, die Glucuronsäure in glykosidischer Bindung enthalten
(C) den Anteil der Uridindiphosphatglucose, der in UDP-Glucuronsäure umgewandelt wird
(D) Verbindungen, in denen die Glucuronsäure eine konjugierte Doppelbindung besitzt
(E) N-Acetylneuraminsäure-haltige Glykoproteine

6.20 6.7 Fragentyp D

Prüfen Sie bitte folgende Aussagen zur Verwertung von Nahrungsfructose.

(1) Die Gesamtreaktion Fructose → Pyruvat umfaßt weniger Reaktionsschritte als die Reaktion Glucose → Pyruvat.
(2) Beim Abbau der Fructose zu Pyruvat ergibt sich ein ATP-Gewinn von 1 Mol ATP/Mol Fructose.
(3) Die Verwertung von Nahrungsfructose wird durch die Kapazität der Fructokinase limitiert.
(4) Fructose kann über Sorbit in Glucose umgewandelt werden.

(A) Nur 2 und 3 sind richtig
(B) Nur 2 und 4 sind richtig
(C) Nur 1, 2 und 3 sind richtig
(D) Nur 1, 3 und 4 sind richtig
(E) 1 - 4 = alle sind richtig

6.21   6.7   Fragentyp C

Bei der congenitalen Galaktosämie ist die Synthese von Galaktose beeinträchtigt,

weil

die congenitale Galaktosämie auf einem Fehlen der Galaktose-1-phosphat-Uridindiphosphatglucose-Transferase beruht.

6.22   6.7.3   Fragentyp C

Sorbit und Fructose haben für die Ernährung von Patienten mit Diabetes mellitus Bedeutung,

weil

Sorbit und Fructose insulinunabhängig verwertet werden können.

6.23   6.7.3   Fragentyp A_3

Welche Aussage über den Stoffwechsel der Fructose trifft nicht zu?

(A) Fructose kann im Stoffwechsel aus Glucose über das Zwischenprodukt Sorbit gebildet werden.
(B) Bei angeborener Fructoseintoleranz fehlt die Leberphosphofructaldolase.
(C) Fructose ist ein physiologischer Bestandteil der Samenflüssigkeit.
(D) An der Verstoffwechslung der Fructose ist das Enzym Glucokinase beteiligt.
(E) Beim Abbau der Fructose zu Pyruvat beträgt der Energiegewinn 1 Mol ATP/Mol Fructose.

6.24   6.7.5   Fragentyp A$_3$

Welche Aussage trifft nicht zu?
Die Mucopolysaccharide (saure Glykosaminoglykane)

(A) sind für die hohe Viscosität des Speichels verantwortlich
(B) sind im Gewebe an Protein gebunden (Proteoglykane)
(C) reichern sich bei einem enzymatischen Abbaudefekt in den Lysosomen an
(D) des Knorpelgewebes sind vorwiegend Chondroitinsulfat und Keratansulfat
(E) enthalten Aminozucker als charakteristische Bausteine

6.25   6.7   Fragentyp D

D-Galaktose

(1) kann im Organismus in Uridindiphosphatglucose umgewandelt werden
(2) ensteht bei der enzymatischen Spaltung von Milchzucker
(3) ist Baustein der Ganglioside
(4) wird beim Abbau zu Sorbit reduziert

(A) Nur 1 und 2 sind richtig
(B) Nur 2 und 3 sind richtig
(C) Nur 3 und 4 sind richtig
(D) Nur 1, 2 und 3 sind richtig
(E) 1 - 4 = alle sind richtig

7. Lipide

7.01   7.10   Fragentyp A$_3$

Welche Aussage trifft <u>nicht</u> zu?
Die Lipoproteine des Blutserums mit geringer Dichte (LDL)

(A) können durch enzymatischen Abbau aus Lipoproteinen mit sehr geringer Dichte (VLDL) entstehen

(B) führen im Schwerefeld der Ultrazentrifuge unter geeigneten Bedingungen eine zentripetale Bewegung (Flotation) aus

(C) werden nach einer lipidreichen Mahlzeit von den Mucosazellen des Darms gebildet und an das Lymphgefäßsystem abgegeben

(D) enthalten etwa 50% Cholesterin

(E) können nach Kontakt mit spezifischen Receptoren der Leberzellmembran die Cholesterinsynthese der Leber hemmen

---

7.02   7.4   Fragentyp C

Der Fettsäure-Synthetasekomplex ist in den Mitochondrien lokalisiert,

<u>weil</u>

der zur Synthese von Fettsäuren benötigte Wasserstoff in den Mitochondrien erzeugt wird.

7.03   7.1   Fragentyp A$_3$

Welche Aussage trifft <u>nicht</u> zu?
Neutralfette

(A) enthalten neben Carbonsäureester- auch Phosphorsäureester-Bindungen

(B) lösen sich gut in lipophilen Lösungsmitteln
(C) werden als Triglyceride bezeichnet
(D) gehören zur Substanzklasse der Lipide
(E) lassen sich mit Alkalihydroxid zu Glycerin und den Alkalisalzen höherer Fettsäuren verseifen

7.04 7.3 Fragentyp A_3

Welche der Formeln A-E gehört nicht in das Schema der β-Oxidation?

$$\text{Acyl-CoA} \longrightarrow \boxed{A} \longrightarrow \boxed{B} \longrightarrow \boxed{C} \quad \boxed{E}$$
$$\text{Coenzym A} \nearrow \qquad \boxed{D}$$

(A) $\boxed{R_1} - CH = CH - \overset{O}{\underset{\|}{C}} \sim S - CoA \qquad \boxed{R_1} = C_{13}H_{27}$

(B) $\boxed{R_1} - CH_2 - \overset{OH}{\underset{|}{CH}} - \overset{O}{\underset{\|}{C}} \sim S - CoA \qquad \boxed{R_2} = C_{11}H_{23}$

(C) $R_1 - \overset{O}{\underset{\|}{C}} - CH_2 - \overset{O}{\underset{\|}{C}} \sim S - CoA$

(D) $H_3C - \overset{O}{\underset{\|}{C}} \sim S - CoA$

(E) $\boxed{R_2} - CH_2 - CH_2 - \overset{O}{\underset{\|}{C}} \sim S - CoA$

7.05		7.5		Fragentyp A_3

Welche Aussage trifft <u>nicht</u> zu?
Bei der Biosynthese eines Triglycerids

(A) wird intermediär Phosphatidsäure gebildet
(B) können Nahrungsfettsäuren verwendet werden
(C) können freie Fettsäuren in einer ATP-abhängigen Reaktion in die Acyl-CoA-Derivate überführt werden
(D) ist die Bereitstellung von CDP-Cholin erforderlich
(E) ist die Bereitstellung von 3 Acyl-CoA-Resten notwendig

7.06		7.3		Fragentyp A_3

Welche der nachfolgend bezeichneten Verbindungen ist nicht Zwischen- bzw. Endprodukt der β-Oxidation von Buttersäure?

(A) $CH_3-CH_2-\overset{O}{\underset{\|}{C}}-CoA$

(B) $CH_3-CHOH-CH_2-\overset{O}{\underset{\|}{C}}-CoA$

(C) $CH_3-CH=CH-\overset{O}{\underset{\|}{C}}-CoA$

(D) $CH_3-\overset{O}{\underset{\|}{C}}-CH_2-\overset{O}{\underset{\|}{C}}-CoA$

(E) $CH_3-CH_2-CH_2-\overset{O}{\underset{\|}{C}}-CoA$

7.07		7.2		Fragentyp C

Der mitochondriale Fettsäureabbau ist reversibel für die Kettenverlängerung mittelkettiger Fettsäuren,

<u>weil</u>

der Fettsäuresynthetasekomplex auch für die β-Oxidation verantwortlich ist.

7.08   7.5   Fragentyp D

Bei der Biosynthese von Triglyceriden im Fettgewebe wird
das benötigte Glycerophosphat (Glycerin-3-phosphat)

(1) aus Dihydroxyacetonphosphat gebildet
(2) aus dem Blut aufgenommen
(3) durch die Reaktion Glycerin + ATP → Glycerin-3-
    phosphat + ADP gebildet

(A) Nur 1 ist richtig
(B) Nur 3 ist richtig
(C) Nur 1 und 3 sind richtig
(D) Nur 2 und 3 sind richtig
(E) 1 - 3 = alle sind richtig

7.09   7.6   Fragentyp A_3

Welche Antwort trifft nicht zu?
Bei der Biosynthese des Lecithins treten folgende
Zwischenprodukte auf:

(A) Diacylglycerin (Diglycerid)
(B) Cytidindiphosphatcholin
(C) Phosphatidsäure
(D) Phosphorylcholin
(E) Lysolecithin

7.10   7.6   Fragentyp A_3

Welche Aussage trifft nicht zu?
In Phospholipiden kann die Phosphorsäure esterartig mit
folgenden Verbindungen verknüpft sein:

(A) Threonin
(B) Äthanolamin
(C) Cholin
(D) Glycerin
(E) Serin

7.11 7.7 Fragentyp D

Ganglioside enthalten folgende Bestandteile:

(1) N-Acetylgalaktosamin
(2) N-Acetylneuraminsäure
(3) Ceramid
(4) Phosphatidylcholin

(A) Nur 1 und 3 sind richtig
(B) Nur 1, 2 und 3 sind richtig
(C) Nur 1, 2 und 4 sind richtig
(D) Nur 2, 3 und 4 sind richtig
(E) 1 - 4 = alle sind richtig

7.12 7.8 Fragentyp A_3

Welche Aussage trifft nicht zu?
Zu den Ketonkörpern oder deren Ausgangsprodukten zählen

(A) Acetessigsäure
(B) β-Hydroxy-buttersäure
(C) Aceton
(D) β-Hydroxy-β-methylglutaryl-CoA
(E) Oxalessigsäure

7.13 7.9 Fragentyp A_3

Welche der nachfolgenden Aussagen über das Cholesterin trifft nicht zu?

(A) Zur Biosynthese von 1 Mol Cholesterin sind 18 Mol Acetyl-CoA notwendig.
(B) Der Cholesterinbestand des Menschen setzt sich aus Nahrungscholesterin und endogen synthetisiertem Cholesterin zusammen.
(C) Ein Teil des Cholesterins wird in unveränderter Form mit der Galle ausgeschieden.
(D) Die chemische Struktur des Cholesterins ist durch 2 Doppelbindungen und eine Isopentenylseitenkette (am C-Atom 17) gekennzeichnet.

(E) Die quantitativ wichtigsten Umwandlungsprodukte des Cholesterins sind die Gallensäuren.

7.14   7.9   Fragentyp A$_3$

Welche Aussage trifft <u>nicht</u> zu?
Im Stoffwechsel des Menschen können folgende Verbindungen aus Cholesterin gebildet werden:

(A) Ergosterin

(B) Cholecalciferol

(C) Oestradiol

(D) Aldosteron

(E) Taurocholsäure

7.15   7.9   Fragentyp D

Circa 2/3 des im Plasma zirkulierenden Cholesterins liegt in veresterter Form vor. Hierbei kann das Cholesterin mit folgenden Säuren verestert sein:

(1) Brenztraubensäure

(2) Taurin

(3) Linolsäure

(4) Ölsäure

(5) Palmitinsäure

(A) Nur 1 und 2 sind richtig

(B) Nur 2 und 5 sind richtig

(C) Nur 3, 4 und 5 sind richtig

(D) Nur 2, 3, 4 und 5 sind richtig

(E) 1 - 5 = alle sind richtig

7.16　　　　　　　　　7.10　　　　　　　Fragentyp A₃

Welche Aussage trifft <u>nicht</u> zu?
Beim stoffwechselgesunden Menschen kommt es nach einer lipidreichen Mahlzeit zur Trübung des Blutplasmas durch Chylomikronen.

(A) Chylomikronen bestehen zum größten Teil aus Triglyceriden.
(B) Chylomikronen gehören in die Klasse der Lipoproteine mit sehr geringer Dichte (VLDL).
(C) Chylomikronen werden durch die Lipoproteinlipase abgebaut.
(D) Die Aktivität der Lipoproteinlipase kann durch intravenöse Injektion von Heparin gesteigert werden.
(E) Chylomikronen werden in der Leber gebildet.

7.17
7.18　　　　　　　　　7.10　　　　　　　Fragentyp B

Die Lipide des Blutplasmas werden als Lipoproteine transportiert. Wählen Sie bitte für jeden Lipoproteintyp der Liste 1 dasjenige Lipid der Liste 2 (A-E) aus, das <u>hauptsächlich</u> an dessen Aufbau beteiligt ist.

Liste 1

7.17 Very low density lipoproteins (VLDL) bzw. prä-β-Lipoproteine

7.18 Low density lipoproteins (LDL) bzw. β-Lipoproteine

Liste 2

(A) Triglyceride
(B) Sphingolipide
(C) Phosphatide
(D) Cholesterin
(E) freie Fettsäuren

7.19　　　　　　　　　7.10　　　　　　　Fragentyp D

Chylomikronen werden gebildet

(1) in den Mucosazellen des Darmes
(2) in den Lymphknoten
(3) im Fettgewebe
(4) in der Leber

(A) nur 1 ist richtig

(B) Nur 2 ist richtig
(C) Nur 4 ist richtig
(D) Nur 1 und 2 sind richtig
(E) Nur 3 und 4 sind richtig

7.20　　　　　　　　7.10　　　　　　　　Fragentyp D

Die Lipoproteine des Blutplasmas

(1) lassen sich in der Ultrazentrifuge in Lipoproteinklassen verschiedener Dichte trennen
(2) sind auch im Nüchternblut nachweisbar
(3) werden zum Teil in der Leber gebildet
(4) besitzen je nach Lipoproteintyp einen Proteinanteil bis zu 50%

(A) Nur 1 und 2 sind richtig
(B) Nur 1 und 4 sind richtig
(C) Nur 2 und 3 sind richtig
(D) Nur 2, 3 und 4 sind richtig
(E) 1 - 4 = alle sind richtig

7.21　　　　　　　　7.10　　　　　　　　Fragentyp A_3

Welche Aussage trifft nicht zu?
Die Lipoproteine des Blutserums mit geringer Dichte (LDL)

(A) können durch enzymatischen Abbau aus Lipoproteinen mit sehr geringer Dichte (VLDL) entstehen
(B) führen im Schwerefeld der Ultrazentrifuge unter geeigneten Bedingungen eine zentripetale Bewegung (Flotation) aus
(C) werden nach einer lipidreichen Mahlzeit von den Mucosazellen des Darms gebildet und an das Lymphgefäßsystem abgegeben
(D) enthalten Cholesterin, Phospholipide und Triacylglyceride
(E) können nach Kontakt mit spezifischen Receptoren der Leberzellmembran die Cholesterinsynthese der Leber hemmen

8. Biologische Oxidation

8.01   8.1 und 8.2   Fragentyp A_1

Welche Aussage trifft zu?
Die stoffliche Verknüpfung des Citronensäurezyklus mit
der Atmungskette geschieht durch

(A) den P/O-Quotienten

(B) die durch Substratwasserstoff reduzierten Coenzyme

(C) die Cytochromoxidase

(D) das ATP/ADP-Verhältnis

(E) den Sauerstoffpartialdruck (P_{O_2})

8.02
8.03   8.1   Fragentyp B

Die Metabolite 1 und 2 gehören zum Citratcyclus oder
sind ihm stoffwechselmäßig eng verbunden.

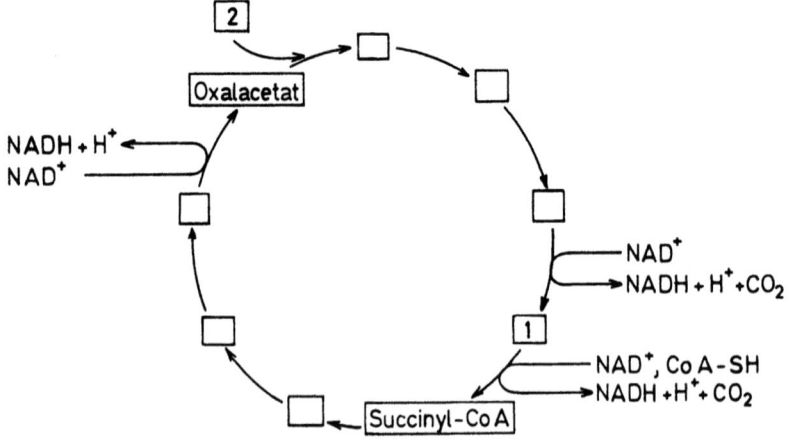

8.02 Metabolit 1 heißt

(A) Malat
(B) Glutamat
(C) Fumarat
(D) Citrat
(E) α-Ketoglutarat

8.03 Metabolit 2 heißt

(A) Malat
(B) Succinat
(C) Acetyl-CoA
(D) Citrat
(E) Aspartat

8.04
8.05   8.1   Fragentyp B

Ordnen Sie den in Liste 1 aufgeführten intracellulären Enzymen die dazugehörigen Coenzyme aus Liste 2 zu.

Liste 1   Liste 2

8.04 Succinat-Dehydrogenase   (A) GDP/GTP
8.05 Succinat-Thiokinase   (B) NAD/NADH$_2$
                                  (C) Pyridoxalphosphat
                                  (D) FAD/FADH$_2$
                                  (E) UTP

8.06		
8.07	8.1.1	Fragentyp B

Bitte ordnen Sie die Formeln in Liste 2 den entsprechenden Metaboliten des Citratcyclus in Liste 1 zu.

Liste 1   Liste 2

8.06 Fumarsäure   (A) $H_2C-COOH$
                         $|$
8.07 Bernsteinsäure $H_2C-COOH$

                    (B) $O=C-COOH$
                         $|$
                         $H_2C-COOH$

                    (C) $H_2C-COOH$
                         $|$
                         $HO-C-COOH$
                         $|$
                         $H_2C-COOH$

                    (D) $H_2C-COOH$
                         $|$
                         HCH
                         $|$
                         $O=C-COOH$

                    (E) $HC-COOH$
                              $||$
                         $HOOC-CH$

8.08	8.1	Fragentyp A_3

Welche Aussage zu den Begriffen Oxidation und Reduktion trifft <u>nicht</u> zu?

(A) Wenn bei einer chemischen Reaktion eine Verbindung oxidiert wird, muß gleichzeitig eine Verbindung reduziert werden.

(B) Oxidationsmittel sind Stoffe, die Elektronen aufnehmen.

(C) Reduktion einer Verbindung bedeutet Abgabe von Elektronen durch diese Verbindung an das Reduktionsmittel.

(D) Die Entladung von Kationen an der Kathode ist eine Reduktion.

(E) Aufnahme von Wasserstoff bedeutet eine Reduktion des aufnehmenden Stoffes.

8.09   8.1   Fragentyp A_3

Welche Aussage trifft nicht zu?
Die folgenden (unvollständig formulierten) Reaktionen sind Oxidationen:

(A) Hämoglobin ⟶ Methämoglobin
(B) α,β-ungesättigte Fettsäure ⟶ β-OH-Fettsäure
(C) Glycerinaldehyd ⟶ Glycerinsäure
(D) CH_3-OH ⟶ HCHO
(E) NADH + H^+ ⟶ NAD^+

8.10   8.1.1   Fragentyp A_3

Welche Aussage trifft nicht zu?
Oxalacetat

(A) ist ein Zwischenprodukt der Gluconeogenese
(B) kann in einer Transaminierungsreaktion in Aspartat umgewandelt werden
(C) ist das Kondensationsprodukt aus Oxalat und Acetyl-CoA
(D) ist Substrat der Phosphoenolpyruvat-Carboxykinase
(E) ensteht durch enzymatische Oxidation aus L-Malat

8.11   8 und 1.1.2   Fragentyp A_3

Welche Aussage zu nachstehender Reaktion trifft nicht zu?

$$\text{ATP} + H_2O \rightleftharpoons \text{ADP} + H_2PO_4^{(-)}$$

$\Delta G^{o'}$ (ΔG^o bei pH 7) = -7,3 kcal/Mol (-30,7 kJ/Mol) für die Hinreaktion.

(A) $\Delta G^{o'}$ kann bei Kenntnis der Gleichgewichtskonstanten K berechnet werden.

(B) Die Hydrolyse von ATP wird in der Zelle durch Ca^{2+} katalysiert.

(C) Die Hydrolyse von ATP ist unter Standardbedingungen bei pH = 7 exergonisch.

(D) Bei der Reaktion ATP → ADP wird eine Phosphorsäureanhydrid-Bindung gespalten.

(E) Die freie Enthalpie der Hydrolyse von ATP kann durch Kopplung mit einer endergonen Reaktion genutzt werden.

8.12   8.2   Fragentyp A_3

Welche Aussage über die Atmungskette trifft nicht zu?

(A) Die Cytochrome der Atmungskette sind am Elektronentransport beteiligt.

(B) Bei hohen ATP-Konzentrationen kann sich der Fluß der Atmungskette umkehren.

(C) NAD und Ubichinon sind diffusible Komponenten der Atmungskette.

(D) Die Bildung von ATP in der Atmungskette nennt man oxidative Phosphorylierung.

(E) Der P/O-Quotient liegt im Fließgleichgewicht des Stoffwechsels bei etwa 1.

8.13   8.2   Fragentyp D

Komplexgebundenes Eisen als Redoxsystem ist enthalten in

(1) Cytochrom a/a_3
(2) Ubichinon
(3) NAD
(4) Cytochrom c
(5) FAD

(A) Nur 1 und 2 sind richtig
(B) Nur 1 und 4 sind richtig
(C) Nur 1, 2 und 3 sind richtig
(D) Nur 2, 4 und 5 sind richtig
(E) 1 - 5 = alle sind richtig

8.14   8.2   Fragentyp D

Folgende Reaktionsschritte der Atmungskette führen zur Bildung energiereicher Phosphate (Atmungskettenphosphorylierung):

(1) die Dehydrierung von $NADH_2$ durch den Flavoprotein-Eisenproteinkomplex
(2) der Übergang von Phosphoenolpyruvat zu Pyruvat
(3) die Oxidation von Cytochrom c durch Cytochrom-Oxidase
(4) der Abbau von Succinyl-CoA zu Succinat

(A) Nur 3 ist richtig
(B) Nur 1 und 3 sind richtig
(C) Nur 1, 2 und 3 sind richtig
(D) Nur 1, 2 und 4 sind richtig
(E) 1 - 4 = alle sind richtig

8.15   8.2   Fragentyp A_1

Welche Aussage trifft zu?
Die Entkopplung der oxidativen Phosphorylierung der Atmungskette hat zur Folge:

(A) Erniedrigung des O_2-Verbrauchs
(B) Hemmung der ATP-Synthese durch Blockierung der Atmungskettenphosphorylierung
(C) Unterbrechung des Elektronentransports in der Atmungskette
(D) Hemmung der oxidativen Decarboxylierung der α-Ketoglutarsäure
(E) Hemmung der Substratkettenphosphorylierung

8.16   8.2.4   Fragentyp C

Dinitrophenol erhöht den P/O-Quotienten,

weil

Dinitrophenol die oxidative Phosphorylierung entkoppelt.

8.17   8.3   Fragentyp A_3

Welche Aussage trifft nicht zu?
Katalase

(A) ist ein wasserstoffübertragendes Enzym
(B) benötigt für ihre Wirkung ein zentrales dreiwertiges Eisen
(C) ist als sauerstoffaktivierendes Enzym an der Atmungskette beteiligt
(D) katalysiert die Reaktion $2\ H_2O_2 \rightarrow 2\ H_2O + O_2$
(E) besitzt Hämin als prosthetische Gruppe

8.18   8.2.4   Fragentyp A_1

Worauf ist die akute Giftwirkung von Blausäure zurückzuführen?

(A) Hemmung der O_2-Speicherung durch Myoglobin
(B) Blockierung des O_2-Transports durch Erythrocyten
(C) Umwandlung von Hämoglobin in Cyanhämoglobin
(D) Hemmung der Cytochrom c-Reductase
(E) Hemmung der Cytochrom-Oxidase (Cytochrom a/a_3)

8.19 8.2.4 Fragentyp A_1

Welche Aussage trifft zu?
Bei der Entkopplung der oxidativen Phosphorylierung ist

(A) der Transport von Wasserstoff über die Atmungskette unterbrochen
(B) der Transport von Elektronen über die Atmungskette unterbrochen
(C) der O_2-Verbrauch akut verringert
(D) die Cytochromoxidase der Atmungskette gehemmt
(E) der P/O-Quotient erniedrigt (P/O < 3)

9. *Mineralstoffwechsel*

9.01 9.1 Fragentyp A$_3$

Welche Angabe zum Calciumstoffwechsel trifft <u>nicht</u> zu?

(A) Calcium wird in den Knochen als Carbonat oder Hydroxylapatit abgelagert.

(B) Vitamin D fördert die intestinale Calciumresorption.

(C) Calcitonin senkt den Serumspiegel des Calciums.

(D) Erythrocyten enthalten mehr Calciumionen als das Blutplasma.

(E) Der Calciumgehalt im Blutplasma beträgt etwa 2,5 mmol/l (10 mg/100 ml).

9.02 9.1 Fragentyp D

Der in den Aminosäuren Methionin enthaltene Schwefel wird vorwiegend im Urin ausgeschieden:

(1) nach Oxidation zum Sulfatschwefel

(2) als Taurin

(3) als Chondroitinsulfat

(4) als anorganisches Sulfat bzw. Estersulfat

(A) Nur 4 ist richtig

(B) Nur 1 und 3 sind richtig

(C) Nur 1 und 4 sind richtig

(D) Nur 2 und 4 sind richtig

(E) 1 - 4 = alle sind richtig

9.03 9.3 Fragentyp C

Das Enzym Carboanhydrase ist ein für die alveoläre CO_2-Elimination in der Lunge wichtiges Enzym, weil

ohne Carboanhydrase die Reaktion

$$H_2CO_3 \longrightarrow CO_2 + H_2O$$

nicht mit hinreichender Geschwindigkeit ablaufen würde.

9.04   9.2   Fragentyp A_3

Welche Aussage trifft nicht zu?
Kupfer (Cu^{2+})

(A) ist Bestandteil des Cytochrom c
(B) wird im Serum in Bindung an Caeruloplasmin transportiert
(C) ist im Körper in geringerer Menge als Eisen vorhanden
(D) wird bei Mangel an kupferbindendem Protein des Serums in der Leber und im Linsenkern der Stammganglien gespeichert
(E) kann in vitro durch Glucose zu Cu^+ reduziert werden

11. Hormonelle Regulation

11.01   11.3.2   Fragentyp D

Der Calciumspiegel im Plasma wird durch folgende Hormone kontrolliert:

(1) Mineralcorticoide
(2) Thyreocalcitonin
(3) Parathormon
(4) Wachstumshormon (Somatotropin)

(A) Nur 1 und 2 sind richtig
(B) Nur 1 und 3 sind richtig
(C) Nur 2 und 3 sind richtig
(D) Nur 3 und 4 sind richtig
(E) Nur 2, 3 und 4 sind richtig

11.02   11.4   Fragentyp A_1

Welche Aussage trifft zu?
Adrenalin entsteht aus Noradrenalin durch

(A) Decarboxylierung
(B) Oxidation
(C) Methylierung
(D) Hydroxylierung
(E) Reduktion

11.03   11.4   Fragentyp A_1

Mit welcher Formel ist Dopa dargestellt?

A. B. C.

D. E.

11.04   11.4   Fragentyp C

Die häufigste Form des Albinismus geht mit einer stark verminderten Synthese von Adrenalin bzw. Noradrenalin einher,

<u>weil</u>

beim Albinismus in den Melanocyten die Phenol-Oxidase (Tyrosinase) fehlt.

11.05   11.4   Fragentyp D

Die Ausschüttung von Adrenalin bewirkt eine

(1) Erhöhung der Blutglucose
(2) Aktivierung der Leberphosphorylase
(3) Erniedrigung der freien Fettsäuren im Blut
(4) Aktivierung der Lipase des Fettgewebes und peripherer Organe
(5) Inaktivierung der Adenylcyclase

(A) Nur 1 und 2 sind richtig
(B) Nur 3 und 5 sind richtig
(C) Nur 1, 2 und 3 sind richtig
(D) Nur 1, 2 und 4 sind richtig
(E) Nur 2, 3 und 4 sind richtig

11.06 11.4 Fragentyp A_1

Welche Aussage trifft zu?
ACTH erhöht die Fettsäuremobilisation aus dem Fettgewebe durch

(A) vermehrte Fettsäuresynthese aus Glucose
(B) Lipaseinaktivierung
(C) Hemmung der Fettsäureoxidation
(D) Hemmung der Phosphodiesterase
(E) Stimulierung der Adenylcyclase

11.07 11.5 Fragentyp A_1

Welches der folgenden Hormone wirkt durch Aktivierung der Adenylcyclase stimulierend auf die Leberglykogen-Phosphorylase?

(A) Glucagon
(B) Vasopressin
(C) Somatotropes Hormon (STH)
(D) Insulin
(E) Parathormon

11.08 11.5 Fragentyp A_3

Welche Aussage trifft **nicht** zu?
Eine bei Insulinmangel auftretende metabolische Acidose ist durch folgende Befunde gekennzeichnet:

(A) herabgesetzter Hydrogencarbonatgehalt des Serums
(B) erhöhte Lactatkonzentration im Blutserum
(C) vermehrte Bildung von Acetoacetat
(D) herabgesetzte Aktivität der Acetyl-CoA-Carboxylase
(E) vermehrter Abbau von Fettsäuren

11.09   11.5   Fragentyp A_3

Welche Aussage trifft <u>nicht</u> zu?
Insulin hat folgende Wirkungen:

(A) Steigerung der Glucoseaufnahme in Fettgewebezellen
(B) Steigerung der Gluconeogenese
(C) Senkung des Blutzuckerspiegels
(D) Hemmung der Lipolyse im Fettgewebe
(E) Förderung des Glucosetransports in die Muskelzellen

11.10   11.5   Fragentyp C

Insulinmangel führt zu einer Lactatacidose

<u>weil</u>

im Muskel Pyruvat zu Lactat reduziert werden kann.

11.11   11.7.2   Fragentyp D

Eine Progesteron-Synthese ist in folgendem(n) Organ(en) möglich:

(1) Ovar
(2) Nebennierenrinde
(3) Placenta
(4) Hypophysenvorderlappen

(A) Nur 1 ist richtig
(B) Nur 1 und 3 sind richtig
(C) Nur 2 und 4 sind richtig
(D) Nur 1, 2 und 3 sind richtig
(E) 1 - 4 = alle sind richtig

11.12   11.7.3   Fragentyp A_3

Welche Aussage trifft nicht zu?
Die Glucocorticoide der Nebennierenrinde haben folgende Stoffwechselwirkungen:

(A) vermehrte Proteinbiosynthese im extrahepatischen Gewebe
(B) Vermehrung des Leberglykogens
(C) Erhöhung des Blutzuckers
(D) Erhöhung der Harnstoffsynthese
(E) Erhöhung der Konzentration der freien Aminosäuren im Blut

11.13   11.7.4   Fragentyp A_1

Welche Antwort trifft zu?
Welche der nachstehenden Erscheinungen ist typisch für eine unzureichende Produktion und Ausschüttung an Mineralcorticoiden (Addisonsche Krankheit)??

(A) Blutdruckanstieg
(B) Retention von Na^+ im Körper
(C) Ödembildung

(D) erhöhte K^+-Ausscheidung

(E) K^+-Anreicherung in der Muskulatur

11.14   11.7.4   Fragentyp A_1

Welche Aussage trifft zu?
Ungenügende Funktion der Nebennierenrinde hat zur Folge:

(A) Retention von Natrium und erhöhte Ausscheidung von Kalium
(B) Erhöhte Ausscheidung von Kalium und Natrium
(C) Retention von Kalium und Natrium
(D) Retention von Kalium und erhöhte Ausscheidung von Natrium
(E) Retention von Natrium und Chlorid

11.15   11.7.4   Fragentyp A_3

Welche Veränderungen im Mineralstoffwechsel bzw. im Stoffwechsel der Nierentubuluszelle treten unter Aldosteron nicht ein?

(A) herabgesetzter Blutkaliumspiegel
(B) verminderte Natriumchloridausscheidung
(C) vermehrte Rückresorption von Kalium
(D) vermehrte Rückresorption von Natrium
(E) vermehrte Sekretion von H^+

11.16 11.8 Fragentyp A₁

Welche Aussage trifft zu?
FSH bewirkt

(A) einen Anstieg der Spermatogenese
(B) vermehrte Androgenproduktion
(C) vermehrte Testosteronausscheidung
(D) die Bildung von Androsteronglucuronid
(E) keine der obengenannten Wirkungen

11.17 11.9 Fragentyp A₃

Welche Aussage zu den Hormonen Ocytocin und Vasopressin trifft **nicht** zu?

(A) Durch eine Disulfidbrücke zwischen den Cysteinresten in Position 1 und 6 erhalten beide Substanzen einen ringförmigen Molekülbau.
(B) Ocytocin kann die Kontraktion der glatten Muskulatur des Uterus anregen.
(C) Der Bildungsort für beide Hormone ist der Hypophysenhinterlappen.
(D) Ocytocin kann an der lactierenden Mamma die Milchejektion fördern.
(E) Vasopressin hat eine deutliche antidiuretische Wirkung.

11.18 11.10 Fragentyp C

Überproduktion von Serotonin führt zur vermehrten Ausscheidung von 5-Hydroxyindolessigsäure in den Harn,

weil

5-Hydroxyindolessigsäure das Abbauprodukt von Serotonin ist.

11.19 11.12 Fragentyp A_3

Welche Aussage trifft <u>nicht</u> zu?

A $\xrightarrow{\text{Renin}}$ B $\xrightarrow{\text{C}}$ D $\xrightarrow{\text{Angiotensinase}}$ E

Die unter A-E genannten Verbindungen oder Enzyme des Renin-Angiotensin-Systems sind:

(A) α_2-Globulin-Fraktion der Serumproteine
(B) Bradykinin
(C) Umwandlungsenzym
(D) Angiotensin II
(E) blutdruckunwirksame Peptide

13. Vitamine und Coenzyme

13.01
13.02   13   Fragentyp B

Ordnen Sie den Enzymen in Liste 1 die richtigen Coenzyme bzw. prosthetischen Gruppen aus Liste 2 zu.

Liste 1   Liste 2

13.01 Succinat-Dehydrogenase   (A) Thiaminpyrophosphat
13.02 3-Hydroxy-3-methylglu-   (B) $NADPH_2$
      taryl-CoA-Reductase   (C) FAD
                                 (D) Biotin
                                 (E) Pyridoxalphosphat

13.03   13   Fragentyp A_3

Für welches der unter A-E genannten Vitamine trifft die angegebene Coenzymfunktion <u>nicht</u> zu?

Vitamin   Funktion

(A) Pyridoxin   Aminogruppentransfer
(B) Thiamin   Aldehydtransfer
(C) Folsäure   Einkohlenstofftransfer
(D) Nicotinsäureamid   Elektronentransfer
(E) Biotin CO_2-Transfer

13.04   13.6.1   Fragentyp A_1

Welches Coenzym ist an der Decarboxylierung von Aminosäuren beteiligt?

(A) Liponsäure
(B) Thiaminpyrophosphat

(C) Carboxybiotin
(D) Pyridoxalphosphat
(E) Coenzym A

13.05   13.7.1   Fragentyp A_3

Welche Aussage über Acetyl-CoA trifft <u>nicht</u> zu?
Acetyl-CoA kann

(A) zur Biosynthese von Cholesterin verwendet werden
(B) mit Carboxybiotin zu Pyruvat reagieren
(C) im Citratcyclus zu CO_2 abgebaut werden
(D) mit Acetoacetyl-CoA ß-Hydroxy-ß-methylglutaryl-CoA bilden
(E) aus ketoplastischen Aminosäuren stammen

13.06   13.8   Fragentyp A_3

Welche Aussage trifft <u>nicht</u> zu?
Tetrahydrofolsäure

(A) enthält p-Aminobenzoesäure als Baustein
(B) überträgt Einkohlenstoffeinheiten bei der Purinsynthese
(C) ist an der Reaktion von Homocystein → Methionin beteiligt
(D) kann Einkohlenstoffeinheiten in verschiedenem Oxidationszustand besitzen
(E) überträgt den aktiven Acetaldehyd bei der Pyruvatdehydrogenase-Reaktion

13.07   13.8   Fragentyp D

Einkohlenstoffüberträger für Biosynthesen sind

(1) Liponsäure
(2) N_5-Methyl-Tetrahydrofolsäure
(3) N_{10}-Formyl-Tetrahydrofolsäure
(4) Carboxybiotin
(5) Coenzym A

(A) Nur 2 und 3 sind richtig
(B) Nur 4 und 5 sind richtig
(C) Nur 2, 3 und 4 sind richtig
(D) Nur 2, 3, 4 und 5 sind richtig
(E) 1 - 5 = alle sind richtig

13.08   13.8.2   Fragentyp A_1

Welche der folgenden Verbindungen greift direkt in den Stoffwechsel von Einkohlenstoffeinheiten ein?

(A) Vitamin K
(B) Calciferol
(C) Tetrahydrofolsäure
(D) Ascorbinsäure
(E) Vitamin A

13.09   13.9   Fragentyp A_1

Welche Antwort trifft zu?
Vitamin B_{12} (Cobalamin)

(A) wird auch beim Menschen in Gegenwart des intrinsic factor gebildet
(B) dient der Übertragung aktiven Carbamylphosphats
(C) wird von vielen Mikroorganismen synthetisiert
(D) ist nur bei Menschen mit perniziöser Anämie essentiell
(E) ist die Transportform des Kobalts im Körper

13.10 13.9 Fragentyp A₁

Welche Funktion hat der im Magensaft enthaltene "intrinsic factor"?

(A) Er fördert Bindung und Resorption von Vitamin B_{12}.
(B) Er dient als Carrier bei der intestinalen Resorption von Ca^{2+}.
(C) Er fördert die Sekretion gastrointestinaler Hormone.
(D) Er fördert die Sekretion von Gallenflüssigkeit.
(E) Er setzt Pepsin aus der inaktiven Vorstufe Pepsinogen frei.

13.11 13.6 Fragentyp D

An welchen Enzymreaktionen ist Pyridoxalphosphat als Coenzym beteiligt?

(1) oxidative Desaminierung
(2) Hydroxylierung
(3) Transaminierung
(4) Bildung von Glykosid-Bindungen
(5) Bildung biogener Amine

(A) Nur 1 und 3 sind richtig
(B) Nur 2 und 5 sind richtig
(C) Nur 3 und 5 sind richtig
(D) Nur 1, 2 und 4 sind richtig
(E) Nur 1, 3 und 5 sind richtig

14. Ernährung und Verdauung

14.1   14.4   Fragentyp A_1

Welche Aussage trifft zu?
Fettsäuren werden mit Hilfe der Gallensäuren überwiegend resorbiert als

(A) Acyl-CoA-Derivate
(B) freie Fettsäuren und Triglyceride
(C) freie Fettsäuren und β-Monoglyceride
(D) Fettsäuremethylester und β-Monoglyceride
(E) freie Fettsäuren und Carnitinester

14.2   14.6.2   Fragentyp A_1

Welche Antwort trifft zu?
Chymotrypsinogen wird in Chymotrypsin überführt durch Einwirken von

(A) Enteropeptidase
(B) Hydrogencarbonat
(C) Tyrosin
(D) Trypsin
(E) intrinsic factor

14.3   14.5   Fragentyp D

Bei einer längeren Hungerkur mit Nulldiät stellt sich der Stoffwechsel um. Es kommt dabei zur

(1) Erhöhung der Gluconeogenese
(2) Mobilisierung der Triglyceride des Fettgewebes
(3) Einstellung des respiratorischen Quotienten unter 1,0

(4) Bildung von Ketonkörpern

(A) Nur 2 ist richtig
(B) Nur 1 und 3 sind richtig
(C) Nur 2 und 3 sind richtig
(D) Nur 3 und 4 sind richtig
(E) 1 - 4 = Alle Aussagen sind richtig

14.04   14.6   Fragentyp A_1
___
Was heißt "Aktivierung" von Pepsinogen oder Trypsinogen?

(A) Aufhebung einer "feed-back"-Hemmung
(B) Dissoziation eines Schwermetall-Enzymkomplexes
(C) Bildung eines Enzym-Coenzymkomplexes
(D) partielle Proteolyse
(E) hydrolytische Abspaltung inhibitorischer Glykoside

14.05   14.5   Fragentyp A_3
___
Welche Aussage trifft nicht zu?
Bei länger dauerndem Nahrungsentzug unter erhaltener Flüssigkeitszufuhr (Hunger) kann es zu folgenden Umstellungen im Stoffwechsel kommen:

(A) Mobilisierung der Depot-Triglyceride des Fettgewebes
(B) Einstellung des respiratorischen Quotienten auf Werte unter 1,0
(C) Erhöhung der Gluconeogenese
(D) Absinken des Blutzuckers auf Werte unter 1,1 mmol/l (20 mg/100 ml)
(E) Bildung von Ketonkörpern

14.06 14.4 –14.7 Fragentyp A_1

Welches Hormon senkt den Spiegel an unveresterten Fettsäuren im Blut?

(A) ACTH
(B) Glucagon
(C) STH
(D) Adrenalin
(E) Insulin

16. Blut

16.01   16.1   Fragentyp A_1

Welche Aussage trifft zu?
Durch intravasale Hämolyse freigewordenes Hämoglobin wird im Plasma vorwiegend in folgender Form transportiert:

(A) in der β-Globulinfraktion
(B) frei im Plasma gelöst
(C) an Ferritin gebunden
(D) an Transferrin gebunden
(E) an Haptoglobin gebunden

16.02   16.1.1   Fragentyp A_1

Welche Aussage trifft zu?
Methämoglobin

(A) entsteht bei Vergiftung mit starken Reduktionsmitteln
(B) ist durch eine sigmoide Sauerstoffbindungskurve charakterisiert
(C) wird durch die Methämoglobin-Reductase zu Hämoglobin reduziert
(D) ist unter physiologischen Bedingungen im Blut in einer Konzentration von 5-10% des Gesamthämoglobins vorhanden
(E) ist in neutraler wäßriger Lösung kirschrot gefärbt

16.03   16.1.3   Fragentyp D

Bei der Sichelzellanämie

(1) ist der Einbau von Eisen in den Protoporphyrinring gestört
(2) liegt eine Unfähigkeit zur Synthese der β-Ketten des Hämoglobins vor
(3) ist die Aminosäuresequenz der β-Kette des Hämoglobins verändert
(4) ist die Löslichkeit des Sauerstoff-freien Hämoglobins herabgesetzt

(A) Nur 3 ist richtig
(B) Nur 1 und 2 sind richtig
(C) Nur 2 und 3 sind richtig
(D) Nur 3 und 4 sind richtig
(E) Nur 2, 3 und 4 sind richtig

16.04   16.1.6   Fragentyp A_1

Welche Aussage trifft zu?
Eine Erhöhung der Konzentration von Bilirubindiglucuronid im Serum kann folgende Ursachen haben:

(A) Störung der Porphyrinbiosynthese
(B) Herabgesetzte Bilirubinbindungsfähigkeit des Serumalbumins
(C) Verschluß der ableitenden Gallenwege
(D) Behinderung des enterohepatischen Kreislaufs der Gallensäuren
(E) Verstärkte Hämolyse und Abbau von Hämoglobin

16.05   16.1.6   Fragentyp A_1

Welche Aussage trifft zu?
Die Ausscheidung von Bilirubin durch die funktionstüchtige Niere erfolgt vorwiegend

(A) als freies Bilirubin
(B) als Bilirubindiglucuronid
(C) nach Spaltung zu Bilifuscin

(D) als Schwefelsäureester

(E) an Albumin gebunden

16.06 16.1.6 Fragentyp A_3

Welche Feststellung zum Abbau der Porphyrine trifft nicht zu?

(A) Extrahepatisch gebildetes Bilirubin wird im Blutkreislauf an Serumalbumin gebunden.

(B) Die Umwandlung des Bilirubins im Darm wird durch Hydrierung eingeleitet.

(C) Im Intestinaltrakt kann die Glucuronsäure durch eine β-Glucuronidase wieder abgespalten werden.

(D) Die Ausscheidung des Bilirubins als Bilirubindiglucuronid in die Gallenkanälchen erfordert einen aktiven Transport.

(E) Die Bildung des Bilirubindiglucuronids in der Leber erfolgt in den Lysosomen.

16.07 16.3 Fragentyp A_1

Welche Aussage trifft zu?
Plasma unterscheidet sich vom Serum durch

(A) den Hämatokritwert

(B) die geringe Zahl an Erythrocyten

(C) die Anwesenheit von Bilirubin

(D) die Anwesenheit von Fibrinogen

(E) die grünliche Farbe

16.08   16.3   Fragentyp A_3

Welchem der unter A bis E genannten Plasmaproteine ist eine **falsche** Funktion zugeschrieben?

(A) Prothrombin - Fibrinolyse
(B) Präalbumin - Thyroxinbindung
(C) Haptoglobin - Hämoglobinbindung
(D) Caeruloplasmin - Kupferbindung
(E) Albumin - Osmoregulation

16.09
16.10   16.3   Fragentyp B

Welches der Organe in Liste 2 ist wahrscheinlich geschädigt, wenn die Aktivität der Enzyme (Liste 1) im Blutserum erhöht ist?

Liste 1   Liste 2

16.09 α-Amylase   (A) Herzmuskel
16.10 Isoenzym 1   (B) Pankreas
      der LDH   (C) Leber
                           (D) Skelettmuskel
                           (E) Niere

16.11   16.3   Fragentyp A_1

In einem Serum ist die Aktivität der Isoenzyme 1 und 2 der Lactat-Dehydrogenase und die Aktivität der Kreatin-Kinase erhöht.
Aus welchem Organ bzw. Gewebe stammen die Enzymaktivitäten mit größter Wahrscheinlichkeit?

(A) Niere
(B) Herzmuskel
(C) Erythrocyten
(D) Skelettmuskel
(E) Leber

16.12   16.3   Fragentyp A_1

Welche Aussage trifft zu?
Die Pankreas-Amylase

(A) ist für die Leberfunktionsdiagnostik von Bedeutung
(B) ist eine spezifisch auf β-glucosidische Bindungen wirkende Glucohydrolase
(C) ist physiologischerweise auch im Blutserum vorhanden
(D) baut Maltose zu 2 Glucosemolekülen ab
(E) liefert bei Einwirkung auf ihre natürlichen Substrate Glucose-1-phosphat als Reaktionsprodukt

16.13   16.3.4   Fragentyp A_1

Sie finden bei der Blutzuckeruntersuchung eines Patienten mit Diabetes mellitus 216 mg % (= mg/100 ml) Glucose (Molmasse 180 = Molekulargewicht). Drücken Sie diesen Wert als molare Konzentration aus.

(A) 2,16 mol/l
(B) 0,39 mol/l
(C) 0,08 mol/l
(D) $1,2 \times 10^{-2}$ mol/l
(E) $3,9 \times 10^{-5}$ mol/l

16.14   16.4   Fragentyp A_3

Welche Aussage über die Thrombocyten trifft <u>nicht</u> zu?

(A) Zerfallende Thrombocyten setzen vasoconstrictorische Stoffe frei und fördern so die Blutstillung.
(B) Bei einer kleinen Gefäßverletzung lagern sich Thrombocyten an den verletzten Stellen ab und fördern so die Blutstillung.
(C) Zerfallende Thrombocyten liefern das für die Blutgerinnung erforderliche Calcium.
(D) Die normale Konzentration im Blut beträgt etwa $3 \cdot 10^5 / \mu l$.
(E) Zerfallende Thrombocyten setzen einen Faktor frei, der die Blutgerinnung fördert.

| 16.15 | 16.4.1 | Fragentyp A_3 |

Welche der folgenden Substanzen kann die Blutgerinnung <u>nicht</u> hemmen?

(A) Vitamin K
(B) EDTA
(C) Dicumarol
(D) Heparin
(E) Natrium-Oxalat

| 16.16 | 16.4.1 | Fragentyp D |

Die Biosynthese von Prothrombin

(1) findet in der Leber statt
(2) erfordert die Mitwirkung von Vitamin K (Phyllochinon)
(3) läßt sich durch Dicumarol hemmen
(4) wird durch Protamin gesteigert

(A) Nur 1 und 2 sind richtig
(B) Nur 2 und 3 sind richtig
(C) Nur 3 und 4 sind richtig
(D) Nur 1, 2 und 3 sind richtig
(E) Nur 2, 3 und 4 sind richtig

17. Leber

17.01 17.1 Fragentyp D

Welche der folgenden Funktionen werden hauptsächlich von der Leber wahrgenommen?

(1) Synthese von Glucose aus Alanin
(2) Synthese von Citrullin
(3) Umwandlung von Cholesterin in Chenodesoxycholsäure
(4) Umwandlung von Oestradiol in Oestronsulfat

(A) Nur 1 und 2 sind richtig
(B) Nur 2 und 4 sind richtig
(C) Nur 3 und 4 sind richtig
(D) Nur 1, 2 und 4 sind richtig
(E) 1 - 4 = alle sind richtig

17.02 17.7 Fragentyp D

Die Glykocholsäure

(1) bildet mit Palmitinsäure wasserlösliche Komplexe (Choleinsäuren)
(2) besitzt 3 Carboxylgruppen und eine Doppelbindung
(3) ensteht im Intestinaltrakt durch bakteriellen Abbau aus Taurocholsäure
(4) aktiviert die Pankreaslipase

(A) Nur 1 und 2 sind richtig
(B) Nur 1 und 4 sind richtig
(C) Nur 2 und 3 sind richtig
(D) Nur 3 und 4 sind richtig
(E) 1 - 4 = alle sind richtig

18. Niere und Harn

18.01   18.2   Fragentyp A_3

Welche der unter A-E aufgeführten Aussagen über die normalen und pathologischen Harnbestandteile trifft nicht zu?

(A) [Struktur: Kreatinin —
HN=C, N-H, N-CH3, C=O, CH2 Ring]

(B) COOH–CH2–CH2–COOH

(C) [Struktur: Purin mit OH an C6, OH an C8, =O an C2]

(D) [Struktur: Hypoxanthin — Purin mit OH an C6]

(E) $CH_3-\overset{O}{\underset{}{C}}-CH_2-C\overset{O}{\underset{OH}{\diagup}}$

(A) ist ein physiologisches Abbauprodukt des Muskelstoffwechsels
(B) bildet mit Calcium Harnsteine
(C) bildet ein schwer lösliches Monoammoniumsalz
(D) wird vermehrt bei angeborenem Defekt der Xanthinoxidase ausgeschieden
(E) wird bei Insulinmangel mit dem Harn ausgeschieden

18.02   18.2   Fragentyp A_3

Welche Aussage trifft nicht zu?
Der erwachsene Mensch scheidet über den Harn täglich unter anderem etwa folgende Substanzmengen aus:

(A) 30 mg Harnstoff

(B) 0,5 g Harnsäure

(C) 1,2 g Kreatinin

(D) 150 mmol Natriumionen

(E) 5 mmol Calciumionen

18.03
18.04   18.3.1   Fragentyp B

Den in Liste 1 genannten Harnsteinen ordnen Sie bitte jeweils aus Liste 2 eine mögliche Entstehungsursache zu.

Liste 1

18.03 Calciumphosphatstein

18.04 Uratstein

Liste 2

(A) Oxalsäurereiche Nahrung

(B) Überfunktion der Nebenschilddrüse

(C) Hyperaldosteronismus

(D) Harnsäurespiegel im Blut 12 mg/100 ml

(E) Enzymdefekt des Harnstoffcyclus

20. *Muskelgewebe*

20.01 20.2 Fragentyp A_3

Welche der folgenden Aussagen trifft nicht zu?
Die Kreatinbiosynthese der Leber

(A) dient der Versorgung der Muskulatur mit Kreatin
(B) verläuft über Guanidinoacetat
(C) liefert beim erwachsenen Menschen mehr als 200 mg/Tag
(D) ist abhängig von einer Bereitstellung von Methylgruppen
(E) erfolgt durch die Reaktion Kreatinin → Kreatin

20.02 20.3 Fragentyp A_1

Welche Antwort trifft zu?
In einem Serum ist die Aktivität der Isoenzyme 1 und 2 der Lactatdehydrogenase und die Aktivität der Kreatin-Kinase erhöht.
Aus welchem Organ bzw. Gewebe stammen die Enzymaktivitäten mit größter Wahrscheinlichkeit?

(A) Niere   (D) Skelettmuskel
(B) Herzmuskel   (E) Leber
(C) Leukocyten

20.03 20.5 Fragentyp A_3

Welche Aussage trifft nicht zu?
Myoglobin

(A) hat die Fähigkeit zur reversiblen Sauerstoffbindung
(B) ist ein Muskelprotein mit ATPase-Aktivität
(C) enthält 1 Fe^{2+}/Molekül

(D) hat eine viermal geringere Molmasse als Hämoglobin
(E) besitzt die gleiche prosthetische Gruppe wie Hämoglobin

21. *Nervengewebe*

21.01 21.2 Fragentyp A_3

Welche Aussage zum Stoffwechsel des Nervengewebes trifft nicht zu?

(A) Physiologisches Substrat des Energiestoffwechsels der Nervenzelle ist Glucose.

(B) Der respiratorische Quotient des Nervengewebes ist 1.

(C) Der spezifische Sauerstoffverbrauch des Nervengewebes ist größer als derjenige des ruhenden Skelettmuskels.

(D) Im Nervengewebe wird die Hauptmenge der Glucose durch anaerobe Glykolyse zu Lactat umgesetzt.

(E) Vorübergehende Unterbrechung der Glucoseversorgung des Gehirns führt zu Krämpfen und Bewußtlosigkeit.

Antwortenschlüssel zu den Fragen des IMPP

1.01	E	2.01	E	3.01	E
1.02	E	2.02	C	3.02	A
1.03	B	2.03	E	3.03	C
1.04	B	2.04	A	3.04	A
1.05	C	2.05	B	3.05	D
1.06	A			3.06	A
				3.07	A
				3.08	B
				3.09	A
				3.10	B
				3.11	E
				3.12	C
				3.13	E

4.01	C	5.01	A	
4.02	D	5.02	C	
4.03	A	5.03	C	
4.04	C	5.04	D	
4.05	C	5.05	C	
4.06	A	5.06	B	
4.07	C	5.07	D	
4.08	C	5.08	B	
4.09	E	5.09	A	
4.10	E	5.10	B	
		5.11	E	
		5.12	C	

6.01	D	6.10	C	6.19	B
6.02	C	6.11	D	6.20	E
6.03	D	6.12	D	6.21	D
6.04	B	6.13	B	6.22	A
6.05	D	6.14	C	6.23	D
6.06	B	6.15	B	6.24	A
6.07	C	6.16	C	6.25	D
6.08	B	6.17	D		
6.09	C	6.18	E		

Antwortenschlüssel zu den Fragen des IMPP

7.01 C	7.08 A	7.15 C
7.02 E	7.09 E	7.16 E
7.03 A	7.10 A	7.17 A
7.04 B	7.11 B	7.18 D
7.05 D	7.12 E	7.19 A
7.06 A	7.13 D	7.20 E
7.07 C	7.14 A	7.21 C

8.01 B	8.07 A	8.13 B
8.02 E	8.08 C	8.14 B
8.03 C	8.09 B	8.15 B
8.04 D	8.10 C	8.16 D
8.05 A	8.11 B	8.17 C
8.06 E	8.12 E	8.18 E
		8.19 E

9.01 D	11.01 C	11.11 D
9.02 C	11.02 C	11.12 A
9.03 A	11.03 D	11.13 E
9.04 A	11.04 D	11.14 D
	11.05 D	11.15 C
	11.06 E	11.16 A
	11.07 A	11.17 C
	11.08 B	11.18 A
	11.09 B	11.19 B
	11.10 D	

13.01 C	13.06 E	14.01 C
13.02 B	13.07 C	14.02 D
13.03 D	13.08 C	14.03 E
13.04 D	13.09 C	14.04 D
13.05 B	13.10 A	14.05 D
	13.11 C	14.06 E

16.01 E	16.07 D	16.13 D
16.02 C	16.08 A	16.14 C
16.03 D	16.09 B	16.15 A
16.04 C	16.10 A	16.16 D
16.05 B	16.11 B	
16.06 E	16.12 C	

17.01 D	18.01 C	20.01 E
17.02 D	18.02 A	20.02 B
	18.03 B	20.03 B
	18.04 D	

21.01 D

Examens-Fragen Medizin

Zur Überprüfung und Erweiterung Ihrer Kenntnisse:

Examens-Fragen Physik für Mediziner
Zum Gegenstandskatalog
von M. Höhl, H. Nägerl
2., überarbeitete Auflage.
1978 DM 22,-
ISBN 3-540-08819-9

Examens-Fragen Physiologie
Herausgeber: K. Brück,
W. Jänig, R. Rüdel,
W. Schaefer, R. F. Schmidt,
M. Steinhausen, R. Taugner,
V. Thämer, G. Thews,
H.-V. Ulmer
4., überarbeitete Auflage.
1977 DM 19,80
ISBN 3-540-08500-9

Examens-Fragen Chemie für Mediziner
Bearbeitet von H. P. Latscha,
G. Schilling, H. A. Klein
2., überarbeitete Auflage.
1977 DM 16,-
ISBN 3-540-08313-8

Examens-Fragen Anatomie
Herausgeber: H. Frick,
M. Kantner, H. Leonhardt,
T. H. Schiebler
Unter Mitarbeit zahlreicher Fachwissenschaftler
2. Auflage. 1973
DM 19,80
ISBN 3-540-06153-3

Examens-Fragen Pathologie
Herausgeber: K. Heilmann,
G. Döhnert
Mit einem Geleitwort von
W. Doerr
2., neubearbeitete Auflage.
1976 DM 16,-
ISBN 3-540-07746-4

Examens-Fragen Biomathematik
Herausgeber: A. Heinecke,
E. Hultsch, R. Repges,
F. Wingert
1975 DM 18,-
ISBN 3-540-07198-9

Examens-Fragen Klinische Chemie
Herausgeber: K. Borner
Unter Mitarbeit von
E. Henkel, R. Kattermann,
W. Prellwitz, H. Schmidt
1977 DM 18,-
ISBN 3-540-08507-6

Examens-Fragen Pharmakologie und Toxikologie
Herausgeber: H. Bader
Unter Mitarbeit zahlreicher Fachwissenschaftler
2., neubearbeitete Auflage.
1976 DM 19,80
ISBN 3-540-07906-8

Examens-Fragen Innere Medizin
Herausgeber: J. Heinzler,
E. Kasperek, F. Schön
4., völlig neubearbeitete Auflage. 1977 DM 28,-
ISBN 3-540-08497-5

Examens-Fragen Kinderheilkunde
Herausgeber:
G.-A. v. Harnack
Unter Mitarbeit zahlreicher Fachwissenschaftler
2., überarbeitete Auflage.
1978 DM 18,-
ISBN 3-540-08572-6

Examens-Fragen Dermatologie
Zum Gegenstandskatalog
Herausgeber: G. Burg,
R. Kolz, G. Lonsdorf
Vorwort von O. Braun-Falco
4., völlig neubearbeitete und erweiterte Auflage. 1979
DM 24,-
ISBN 3-540-09179-3

Examens-Fragen Chirurgie
Zu den Gegenstandskatalogen 3 und 4. Von J. Heinzler, F. Kasperek, F. Schön
1978 DM 28,-
ISBN 3-540-08800-8

Examens-Fragen Gynäkologie und Geburtshilfe
Zum Gegenstandskatalog 3
Herausgeber: E. Kasperek,
F. Schön
1979 DM 18,-
ISBN 3-540-09139-4

Examens-Fragen Neurologie
Zum Gegenstandskatalog
Herausgeber: K. L. Birnberger, D. Burg
2., neubearbeitete Auflage.
1978 DM 18,-
ISBN 3-540-09032-0

Examens-Fragen Arbeitsmedizin
Herausgeber: G. Lehnert,
J. Rutenfranz, H. Valentin,
H. Wittgens, G. Jansen
1973 DM 14,-
ISBN 3-540-06069-3

Examens-Fragen Rechtsmedizin
Herausgeber: W. Schwerd,
H. J. Wagner
Unter Mitarbeit zahlreicher Fachwissenschaftler
1976 DM 18,-
ISBN 3-540-07769-3

Examens-Fragen Anaesthesiologie – Reanimation – Intensivbehandlung
Herausgeber: R. Beer,
H. Kreuscher
Unter Mitarbeit zahlreicher Fachwissenschaftler
1974 DM 14,-
ISBN 3-540-06547-4

Preisänderungen vorbehalten

**Springer-Verlag
Berlin Heidelberg New York**

Für die ärztliche Vorprüfung

Physiologische Chemie

Eine Einführung in die medizinische Biochemie für Studierende der Medizin und Ärzte

Von H. A. Harper, G. Löffler, P. E. Petrides, L. Weiss

1975. 644 Abbildungen, 189 Tabellen. XI, 940 Seiten
DM 88,–
ISBN 3-540-07490-2

Inhaltsübersicht: Teil A: Stoffe und Stoffwechsel der Zelle. Stoffe: Bausteine der Zelle: Wasser- und Bioelemente. Kohlenhydrate. Lipide. Nucleotide und Polynucleotide (Nucleinsäuren). Aminosäuren und Polyaminosäuren (Proteine). Stoffwechsel: Energie- und Materieumsatz der Zelle: Mechanismus und Regulation der Proteinbiosynthese. Enzyme. Bioenergetik und biologische Oxidation. Citratcyclus. Stoffwechsel der Kohlenhydrate. Stoffwechsel der Lipide. Stoffwechsel der Aminosäuren. Stoffwechsel der Purine und Pyrimidine. – Porphyrine und Gallenfarbstoffe. Grundlagen der Ernährung. Wasser- und Elektrolyt-Haushalt. Spurenelemente und Vitamine. – Teil B: Struktur und Stoffwechsel der Gewebe: Hormone. Gastrointestinaltrakt. Leber. Blut. Muskelgewebe. Binde- und Stützgewebe. Nervengewebe. Immunsystem. Nieren und Urin. – Hinweisindex zum Gegenstandskatalog Physiologische Chemie

Bachmann: **Biologie für Mediziner.**
1976. DM 38,–
ISBN 3-540-07759-6

Bertonlini/Leutert: **Atlas der Anatomie des Menschen.** Bd. 1: Arm und Bein.
1978. DM 78,–
ISBN 3-540-08752-4

Forssmann/Heym: **Grundriß der Neuroanatomie.** 2. Auflage. 1975. (HT 139). DM 18,80. Basistext.
ISBN 3-540-07279-9

Ganong: **Lehrbuch der Medizinischen Physiologie.** 4. Auflage. 1979. DM 58,–
ISBN 3-540-08908-X

Grundriß der Neurophysiologie. Herausgeber: Schmidt. 4. Auflage. 1977. (HT 96) DM 24,80. Basistext
ISBN 3-540-07827-4

Grundriß der Sinnesphysiologie. Herausgeber: Schmidt. 3. Auflage. 1977. (HT 136). DM 24,80. Basistext
ISBN 3-540-08308-1

Harten: **Physik für Mediziner.** 3. Auflage. 1977. DM 42,–
ISBN 3-540-08182-8

Knoche: **Lehrbuch der Histologie.** 1979. DM 76,–
ISBN 3-540-09221-8

Latscha/Klein: **Chemie für Mediziner.** 4. Auflage. 1977. (HT 171). DM 18,80. Basistext
ISBN 3-540-08041-4

Lehrbuch der gesamten Anatomie des Menschen. Herausgeber: Schiebler.
1977. DM 58,–
ISBN 3-540-08166-6

Medizinische Psychologie. Herausgeber: Kerekjarto. 2. Auflage. 1976. (HT 149). DM 19,80. Basistext
ISBN 3-540-07578-X

Physiologie des Menschen. Herausgeber: Schmidt/Thews. 19. Auflage. 1977. DM 89,–
ISBN 3-540-08378-2

HT: Heidelberger Taschenbücher

Preisänderungen vorbehalten

Springer-Verlag
Berlin
Heidelberg
New York

Fragentyp A = Einfachauswahl
Auf eine Frage oder unvollständige Aussage folgen 5 Antworten oder Ergänzungen, von denen eine einzige auszuwählen ist und zwar:
Typ A 1: die einzig richtige
Typ A 3: die einzig falsche

Fragentyp B = Aufgabengruppen mit gemeinsamem Antwortangebot (Zuordnung)
Jede Aufgabe besteht aus
a) einer beliebigen Anzahl von numerierten Begriffen, Fragen oder Aussagen
(= Aufgabenliste = Liste 1)
b) 5 durch die Buchstaben A – E gekennzeichneten Antwortmöglichkeiten
(= Liste 2).
Eine Fragengruppe enthält so viele – einzeln bewertete – Aufgaben, wie die Aufgabenliste Punkte hat.
Zu jeder numerierten Aufgabe ist die Antwort A – E auszuwählen, die für zutreffend gehalten wird. Jede Antwortmöglichkeit kann einmal, mehrmals oder überhaupt nicht als Lösung vorkommen.

Fragentyp C = kausale Verknüpfung
Dieser Fragentyp besteht aus zwei durch das Wort »weil« verknüpfte Feststellungen.
Jede der beiden Feststellungen kann unabhängig von der anderen richtig oder falsch sein. Wenn sie beide richtig sind, kann die Verknüpfung durch »weil« richtig oder falsch sein.
Setzen Sie den Buchstaben A – E ein, der nach ihrer Meinung die beiden Feststellungen und ihre Verknüpfung richtig beurteilt:

Antwort	Feststellung 1	Feststellung 2	Verknüpfung
A	richtig	richtig	richtig
B	richtig	richtig	falsch
C	richtig	falsch	–
D	falsch	richtig	–
E	falsch	falsch	–

Fragentyp D = Antwort mit Aussagenkombinationen
Auf eine Frage oder unvollständige Aussage folgen numerierte Begriffe oder Sätze, von denen einer oder mehrere zutreffen können. Für jede Aufgabe nach Typ D sind 5 Kombinationen der numerierten Aussage vorgegeben. Wählen Sie den Buchstaben aus, der die Antworten richtig kennzeichnet.
A wenn die Antworten 1 + 2 + 3 zutreffen
B wenn die Antworten 1 + 3 zutreffen
C wenn die Antworten 2 + 4 zutreffen
D wenn die Antwort 4 zutrifft
E wenn die Antworten 1 + 2 + 3 + 4 zutreffen.
Das Antwort-Kombinationsschema ist für alle Typ-D-Fragen im vorderen Teil der Fragensammlung identisch.

Fragentyp E = Bearbeitung von Graphiken und Tabellen
Bei diesem Fragentyp werden Graphiken oder Tabellen gezeigt und daraus dann im allgemeinen eine Typ-B-Frage entwickelt.

MIX
Papier aus verantwortungsvollen Quellen
Paper from responsible sources
FSC® C105338

If you have any concerns about our products,
you can contact us on
ProductSafety@springernature.com

In case Publisher is established outside the EU,
the EU authorized representative is:
**Springer Nature Customer Service Center GmbH
Europaplatz 3, 69115 Heidelberg, Germany**

Printed by Libri Plureos GmbH
in Hamburg, Germany